U0098142

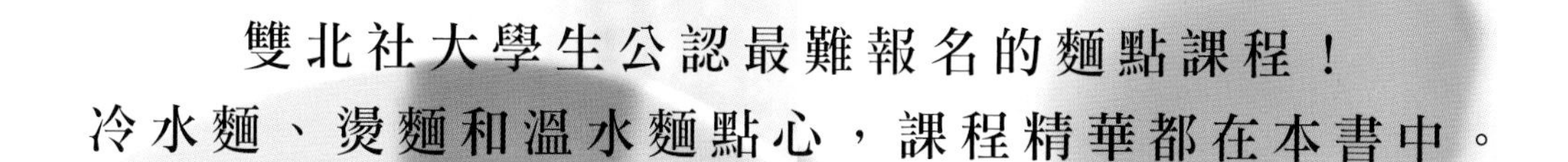
雙北社大學生公認最難報名的麵點課程！
冷水麵、燙麵和溫水麵點心，課程精華都在本書中。

社大名師親授

中式麵點完美配方

麵條、湯包、餃子、餛飩、春捲和餅類

社大名師 劉妙華◎著

朱雀文化

自序 徜徉在米麵食的世界

我終於完成了第二本書《社大名師親授中式麵點完美配方》，距離第一本書《行家教做中式經典發麵點心》出版已經 3 年多了。第一本書甫上市，我便開始著手新書的規劃。

米麵食對於我來說，有種難以言說的濃厚情感。由於原生家庭從事米麵食製作批發工作，婚後婆家的餐桌上也總是出現新疆菜餚、北方麵食，受到環境的影響，很自然的，我對米麵食產生了極大的興趣。然而，在娘家和婆家所學到的已經無法滿足我，於是開始參與相關的研習課程，也參加檢定考，更報名了比賽，無非是想藉著這些課程與活動的磨練，讓自己能把米麵食鑽研到更精細透徹。

進入米麵食等相關烹調教學領域，不知不覺已經 20 多個年頭。我除了不斷累積自己的專業知識、技巧，教學方法也日益精進，面對學生們關於課程的疑難雜症，都能給予適當的解說。更由於報名課程的同學程度不一，我也研究出一套讓初學者容易學會的好方法。

本書是以水調麵食為主題，包含了「冷水麵類」、「燙麵、溫水麵類」兩大類麵點。為了讓讀者容易閱讀和操作，我嘗試將製作配方數字化，並且選擇常見的配料食材，更以健康飲食為導向，透過圖文的詳述，讓對麵食有興趣的讀者，照著書製作，也能做出美味的麵食。

感謝朱雀文化出版社的邀稿，使得規劃多時的水調麵食終於付梓。也感謝彭主編及攝影師周禎和，社大學員麗惠、秀燕、志豪、銘芳等人的協助，方使書中的每一道麵點得以完美呈現。

最後，感謝生命中的每一位貴人！

劉妙華

目錄 Contents

自序／徜徉在米麵食的世界 3

Basic 材料、器具和基本工

認識材料 7
認識器具 14
學會麵點基本工 16

PART 1 冷水麵類

手擀家常麵 22
醉醬麵 **24**

油麵 26
什錦炒麵 **29**

涼麵 30
五彩雞絲涼麵 **32**

刀削麵 34
木須刀削麵 **37**

三色貓耳朵 38
炒三色貓耳朵 **40**

扯麵 42
油潑辣子麵 **44**

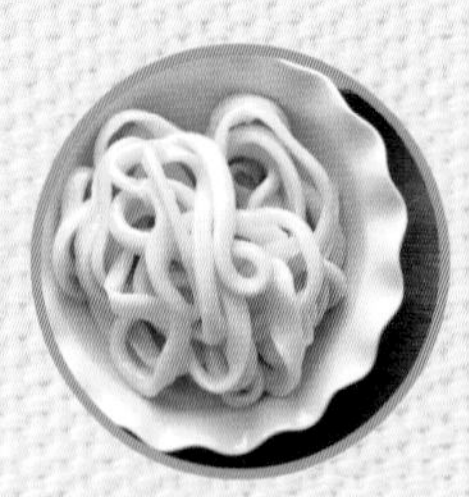

新疆拉條子 46
新疆大盤雞拌麵 **48**

生鮮麵條 50
陽春麵 **53**

雞蛋麵 54
香菇肉羹麵 **57**

麵疙瘩 58
三鮮麵疙瘩 **61**

蔬菜麵 62
酸辣蔬菜麵 **65**

刀切拉麵 66
海鮮鍋燒麵 **69**

河撈麵 70
紅燒牛肉河撈麵 **72**

珍珠餛飩皮 74
珍珠餛飩湯 **75**

大餛飩皮 78
菜肉大餛飩 **81**

手擀水餃皮 82
高麗菜水餃 85

雙色水餃皮 86
翠玉韭菜水餃 89

春捲皮 90
潤餅 93
炸春捲 95

淋餅 96
軟式蛋餅 99
豆沙鍋餅 101

PART 2 燙麵、溫水麵類

燙麵餃皮 104
花素蒸餃 107
韭黃蝦仁鍋貼 109
高麗菜煎餃 111
海鮮燒賣 113

燙麵餅皮 114
蔥油餅 117
蜜麻餅 119
抓餅 121
培根起士蛋餅 123
韭菜盒子 125

餡餅皮 126
豬肉餡餅 129
牛肉餡餅 131

荷葉餅 132
京醬肉絲捲 135

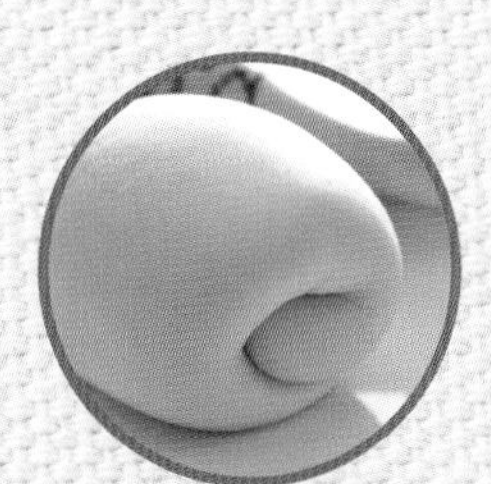

燙麵團 136
銀魚麵 139

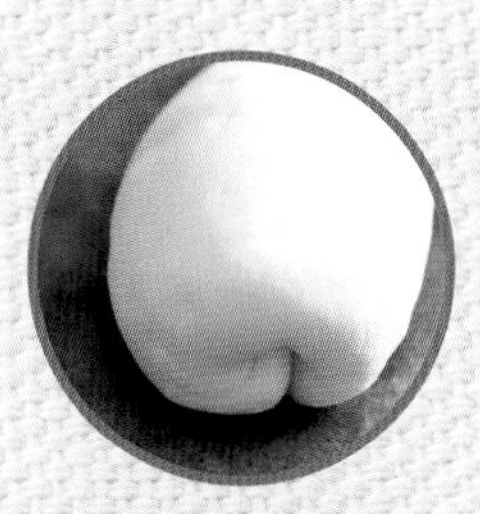

澄粉燙麵團 140
繽紛燙麵捲 143
炒銀針粉 145

溫水麵皮 146
小籠湯包 149
絲瓜湯包 151
蟹粉湯包 153
小籠豆沙包 155

Basic

材料、器具和基本工

在這個單元中，除了告訴大家製作水調麵食常見的器具，

以及本書麵點的材料之外，歸納出幾個製作麵點的基本工，

像是手揉與機器攪拌麵團、

擀麵團、延壓麵團等，

是大家製作本書作品前一定要先學會，並且熟悉的技巧。

認識材料

粉類

黃梔子粉
黃梔子花的種子曬乾後再處理，可以當作食物、衣物的染料，屬於傳統的天然色素。

抹茶粉
以未經太陽直接照射的茶葉的芽，經過蒸與烘乾，然後磨成細粉末製成。

甜菜根粉
明亮的桃紅色，是將新鮮的甜菜根削皮、切片、乾燥後再磨成粉製成。

竹炭粉
以竹片和炭粉為原料，是最常見的天然黑色食用色素。

馬鈴薯澱粉
俗稱日本太白粉，屬天然澱粉，以馬鈴薯為原料，多用於食品中，當做勾芡增稠劑。

花生粉
有顆粒、無糖的花生粉，通常可當作餡料、沾料，本書中用在潤餅餡料。

澄粉
又叫小麥澱粉，以小麥為原料。麵粉加工後以水漂洗，分離出所含的粉筋和其他物質，使成為無麵筋的麵粉。大多用來製作蝦餃、腸粉等的外皮。

紅麴粉
以在來米、紅麴菌為原料發酵製成，乾燥後再磨成粉，是傳統的天然色素。

樹薯澱粉
俗稱臺灣太白粉，屬天然澱粉，以樹薯為原料，多用於食品中。本書中添加於麵粉中，增加食品的黏彈性，改善口感。

粉心麵粉
蛋白質含量約 10.5～11%，屬於中筋麵粉，顆粒較細。適合製作包子、水餃皮、蔥油餅、麵條等中式麵食。

高筋麵粉
蛋白質含量約 12%，顆粒較粗，通常用在製作麵包。目前市面上販售的，產地以美加為主。

調味料類

白胡椒粉

白胡椒粒研磨成細粉，多用於中式料理的調味。

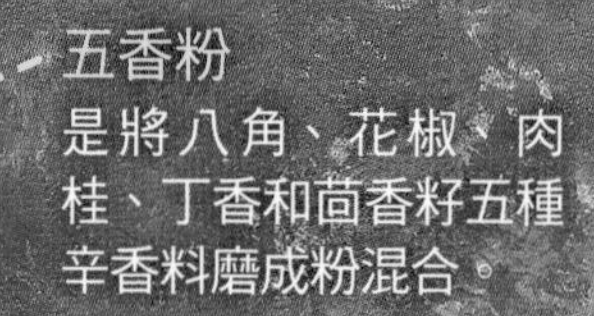

五香粉

是將八角、花椒、肉桂、丁香和茴香籽五種辛香料磨成粉混合。

蕃茄糊

以煮熟脫水的蕃茄為主原料，並添加初榨橄欖油、香料、鹽等製成。

郫縣豆瓣醬

四川省郫縣的特產。香味濃厚、重辣味，可直接食用、烹調料理。

咖哩粉

市售咖哩粉使用的辛香料和調配比例不同，有偏印度、日式和台式風味。

豬油

動物油，具有特殊的香氣，在低溫下會凝結成白色固體狀。

細砂糖

以甘蔗為原料製成的白色砂糖，顆粒細，容易溶於食材中。

花椒粒

最大的特色在於「麻」。一般磨粉，整粒醃漬食材或製成花椒油。

鹽

中式調味料，除了增加料理的鹹味，還可用在蔬菜殺青等處。

粗辣椒

粗片紅辣椒，具特殊的辛辣味與口感。可用於麵條、餅類、披薩等的調味。

八角

又叫大茴香或八角茴香，因外觀形狀所以叫八角。微辣中帶有微甜。

味精

中式調味料，以樹薯、甘蔗等發酵製成，多用於料理的提鮮。

冰糖

成塊的結晶顆粒，甜度較白糖低，可用於燉煮、製作滷味等。

豆瓣醬

以黃豆瓣、辣椒、糖、鹽和水等為原料發酵製成，通常有辣、不辣可選擇。

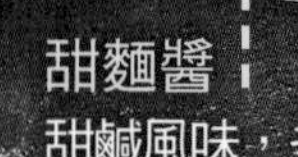

甜麵醬

甜鹹風味，多用在拌麵、沾醬、醬爆，像是京醬肉絲、烤鴨沾醬等料理。

料理米酒
濃醇的酒香可以去腥、增添香氣，適合長時間燒煮。
白醋
以糯米或糙米為主原料，材料較烏醋單純，味酸清爽，可涼拌、醃漬食材。
甜辣醬
甜辣風味，通常當作沾醬使用。
醬油
增加料理的風味，可用於燉、煮、滷、炒，用途極廣。
淡味醬油
較一般醬油顏色、口味淡，但鹹度較高，用於沾料、烹調。
沙拉油
植物油，低溫下仍保持液體狀態，適合用在中式料理。
紹興酒
以圓糯米、小麥、菌種和水為原料
黑醋
烏醋，以糯米或糙米，加上蔬果、辛香料等製成，多用於湯品、沾醬等
香油
提升料理的香氣，以白麻油混合大豆油製成。
味原液
KIKKOMAN
ALL-PURPOSE SEASONING
OVER 300 YEARS OF EXCELLENCE
SHAOHSING CHIEW
工研烏醋
香油
國製油工業有限公司
台灣製造
大成
大豆沙拉油

加工與乾貨類

榨菜
經過醃製，鹹味較重，具特殊的風味。可以炒、煮湯烹調。

酸菜
醃製食品，鹹味重，可炒、煮湯或當成潤餅等的配料。

肉羹
大多煮湯、火鍋，是肉羹麵的主角。

小豆乾
口感較硬實，可切片、條、小丁，適合做成餡料、炒、滷。

五香大豆乾
口感較小豆乾硬實，可切片、條、小丁，適合做成餡料、炒、滷。

培根
屬於加工食品，以煎、烤烹調後香氣濃郁。

盒裝豆腐
口感細緻，適合煮湯。

鴨血
以鴨雞等禽類的血製成，通常用於煮湯、火鍋或滷味。

芝麻醬
通常用在麵類、涼拌料理的沾醬。

鹹蛋黃
壓成泥，可用來製作蟹黃、餅的餡料。

玉米罐頭
用在蛋餅、吐司、披薩等的配料。

蘿蔔乾
醃製食品，炒熟後可直接食用或剁碎做餡料。

白芝麻
具獨特香氣，用在涼拌、燒烤和炒煮料理、餅類食品。

油蔥酥
增加料理的香氣。可以紅蔥頭、豬油製作或購買市售商品。

蒜酥
烹調時加入適量的蒜酥，可增添大蒜的香氣。使用蒜頭、食用油製作，或購買市售商品。

蝦米
又叫開陽，乾製後的蝦仁，加入料理中可提升海鮮風味。

蝦皮
顏色較白，煮海鮮料理、湯品時，可加入蝦皮提升風味。

紫菜
有海洋蔬菜之稱。可製作飯捲，搭配湯品。

乾香菇
泡軟後烹調，可以煮湯、炒、當作餡料，增添香氣。

粉絲
乾粉絲泡水至軟後再烹調，用在料理的配料、餡料。

蔬菜類

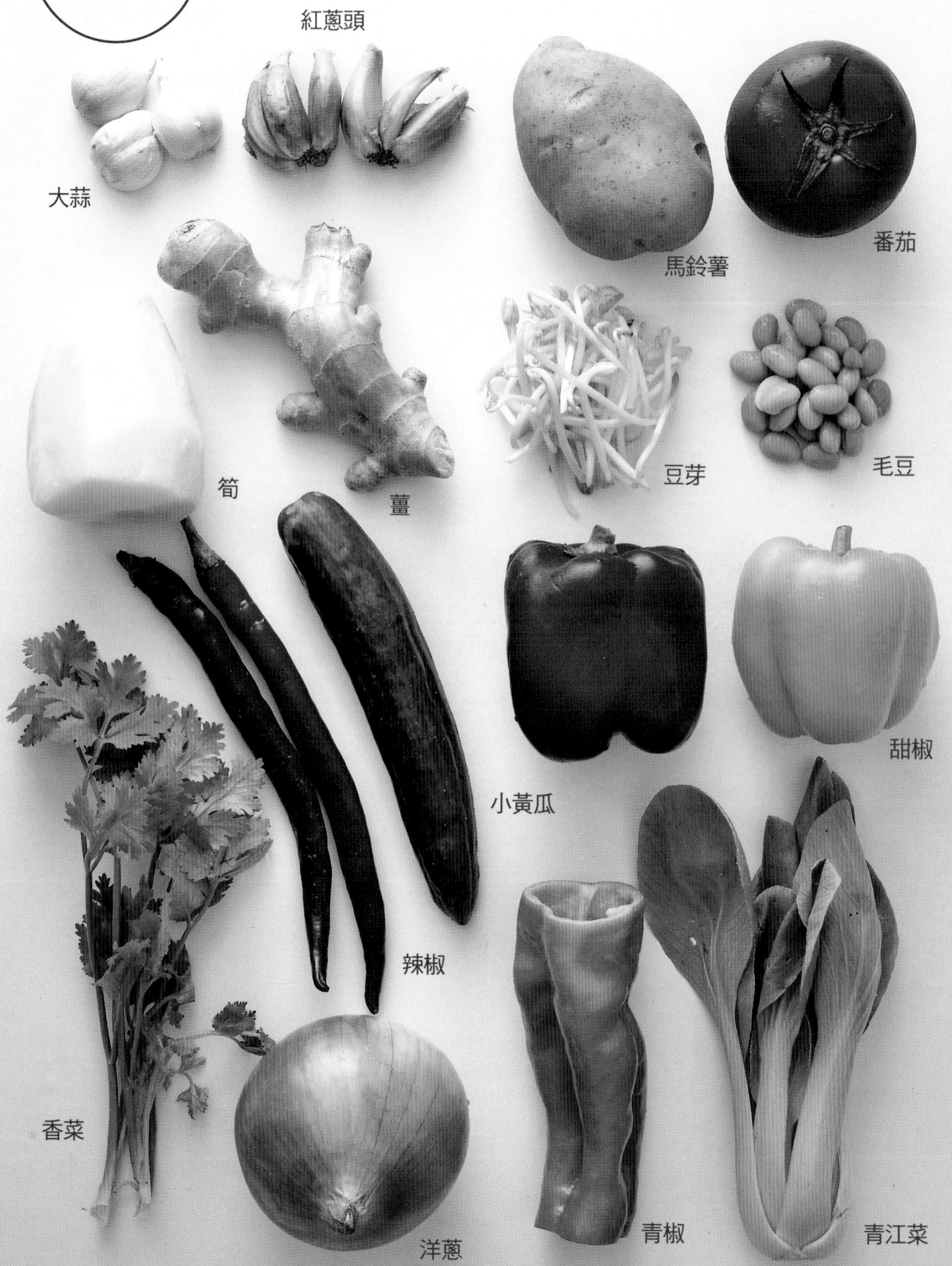

紅蔥頭
大蒜
馬鈴薯
番茄
筍
薑
豆芽
毛豆
甜椒
小黃瓜
辣椒
香菜
洋蔥
青椒
青江菜

西洋芹
絲瓜
韭菜
小白菜
蒜
芹菜
蔥
韭黃
高麗菜

認識器具

擀製、包餡、削刀類

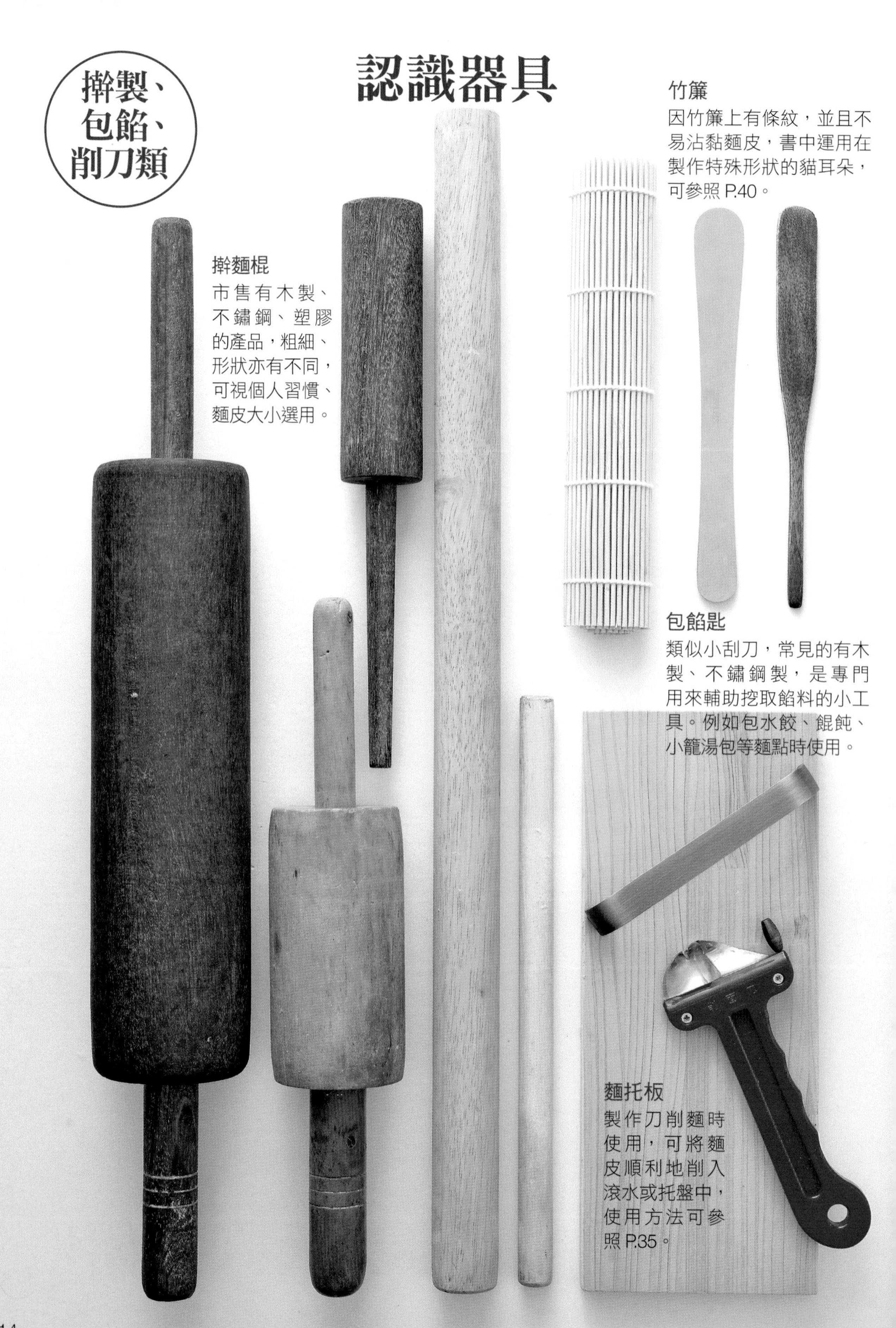

擀麵棍
市售有木製、不鏽鋼、塑膠的產品，粗細、形狀亦有不同，可視個人習慣、麵皮大小選用。

竹簾
因竹簾上有條紋，並且不易沾黏麵皮，書中運用在製作特殊形狀的貓耳朵，可參照 P.40。

包餡匙
類似小刮刀，常見的有木製、不鏽鋼製，是專門用來輔助挖取餡料的小工具。例如包水餃、餛飩、小籠湯包等麵點時使用。

麵托板
製作刀削麵時使用，可將麵皮順利地削入滾水或托盤中，使用方法可參照 P.35。

其他

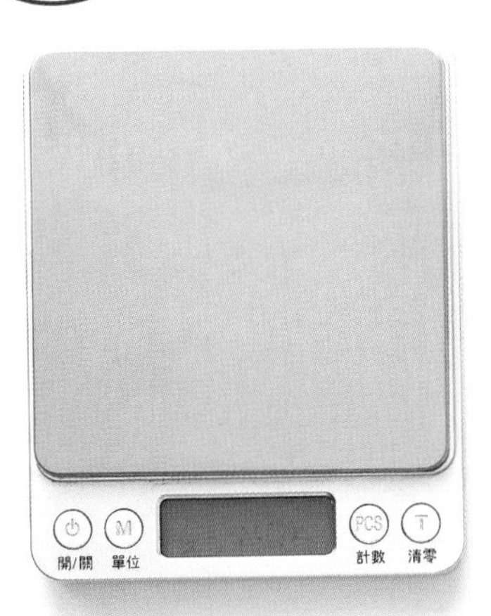

刀
選一把鋒利的好刀，切麵條或食材更俐落。

溫度計
可測量液體、麵團等的溫度。

秤
建議同時準備普通秤、精細的電子秤。電子秤可測量精準的配方數字，靈敏度範圍最好能秤至 1 公克以下。

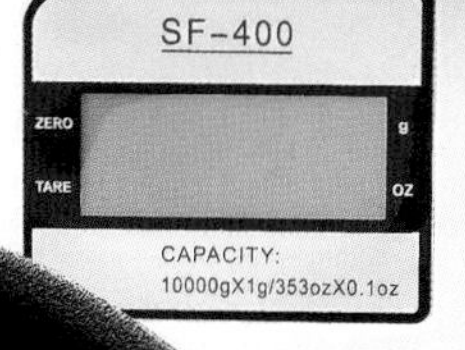

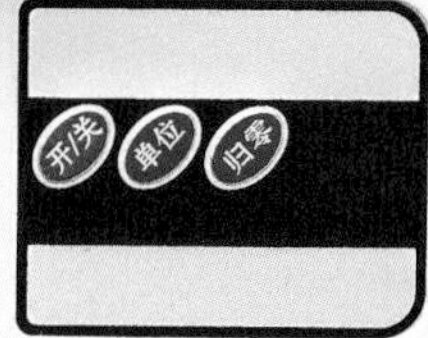

平底鍋
除了烹調料理，也適合煎蛋餅、烙鍋餅、蔥油餅、抓餅等扁平狀的麵點。

長筷
較一般筷子長，更方便夾取麵條或炸物。

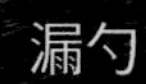

漏勺
用在將煮好的食材、麵條撈起，漏勺尺寸必須配合煮鍋。

瀝水盆
又叫漏盆、瀝水籃、洗菜盆。可清洗、過濾，像濾麵條、洗米、洗蔬果等。

學會麵點基本工

基本技法 1 手工揉麵團（冷水麵）

1 將麵粉倒入攪拌盆中，鹽與水混合均勻後倒入。

2 以筷子順時鐘方向，攪拌至水分被吸收的鬆散小麵片狀（絮狀）。

3 麵團移至工作檯上，用手搓揉成團，蓋上塑膠袋，鬆弛10～15分鐘。

★蓋上保鮮膜、濕布，或以倒扣鋼盆蓋上也可以。

4 取出麵團，反覆搓揉，揉3次、鬆弛3次麵團，直至成為光滑的麵團，再略微整成圓形或枕頭形。

基本技法 2 機器攪拌麵團（冷水麵）

1 將麵粉、鹽倒入攪拌盆中，再倒入水。

2 先以1檔（慢速）攪打成無乾粉狀態，再轉2檔（中速）攪打約3分鐘，再轉回1檔（慢速）把麵團攪打至光滑平整。

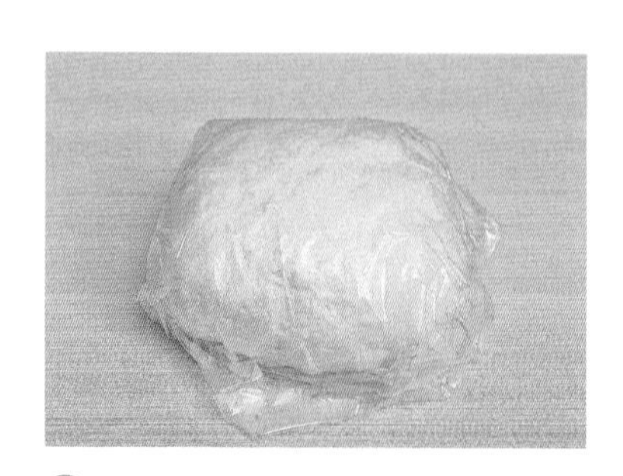

3 麵團移至工作檯上，用手搓揉成團，蓋上塑膠袋，鬆弛10～15分鐘。

★蓋上保鮮膜、濕布，或以倒扣鋼盆蓋上也可以。

4 鬆弛好的麵團再略微整成圓形或枕頭形。

基本技法 3 手工攪拌麵團（燙麵）

1 將麵粉和鹽倒入攪拌盆中，沖入沸水（100℃）。

2 以小擀麵棍順時鐘方向，攪拌至水分被吸收的鬆散小麵片狀（絮狀）。

★這裡要攪拌至看不見乾粉的狀態即可。

3 加入冷水，以小擀麵棍繼續攪拌成團狀。

4 麵團移至工作檯上，用刮刀按壓成整齊的形狀。

5 用刮刀切成數條長條麵團。

6 置於工作檯上放冷卻，因為麵團仍有水氣，所以不需蓋保鮮膜、塑膠袋。

7 冷卻麵團的過程中，要以刮刀將長條麵團翻面。

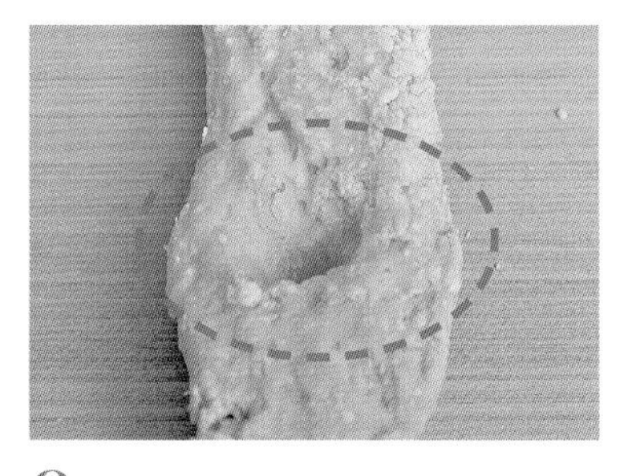

8 燙得好的麵團是以手指按下去，不會彈起來的狀態。

9 用手揉或機器將冷卻好的麵團攪拌成光滑麵團（此處範例為長條橢圓狀）。

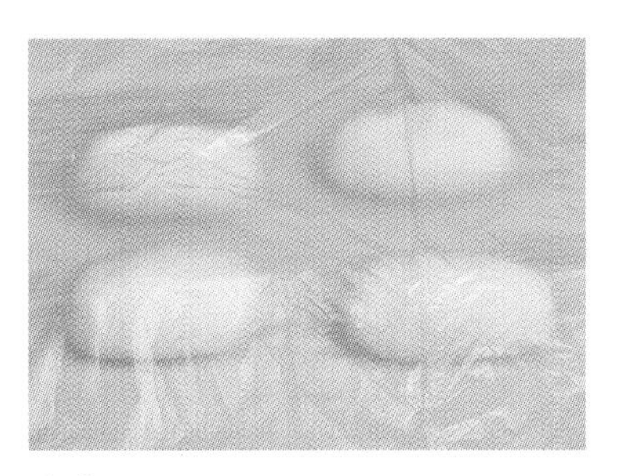

10 蓋上塑膠袋，鬆弛 10～15 分鐘。

基本技法 4 手擀麵皮

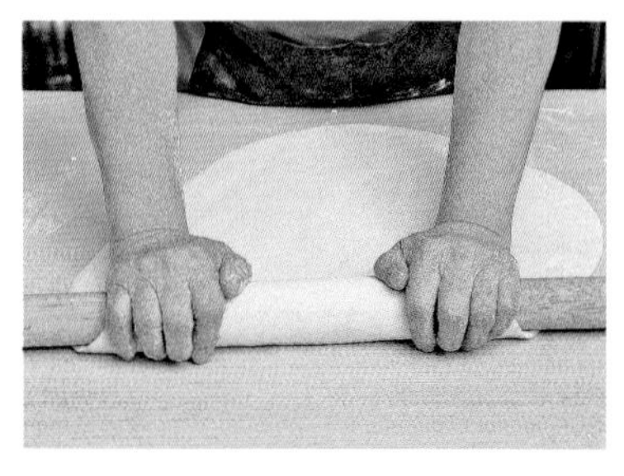

1 取出整好的麵團，擀成薄麵皮（厚度可依個人喜好調整）。

★手擀麵團時，須使用分段式擀法。先從中間往兩旁擀，再左右擀，等擀不動時（麵皮會回縮），先停下來，蓋上塑膠袋再鬆弛 10 分鐘，然後換長擀麵棍來擀。

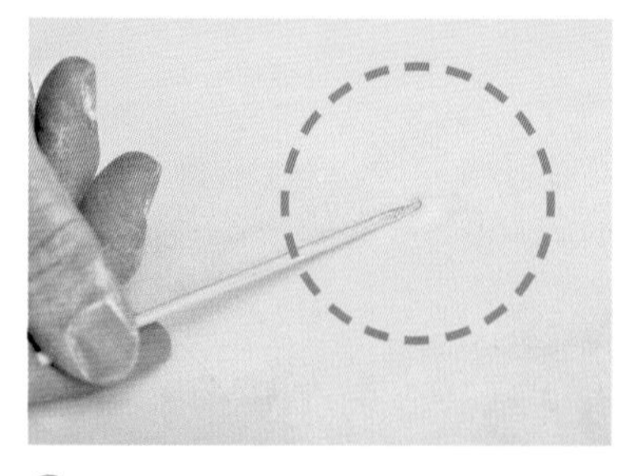

2 擀麵皮的過程中，如果表面有氣泡的話，可以用牙籤挑破，放任不管的話，麵皮會破掉。

基本技法 5 電動壓麵機壓麵皮

1 調好壓麵機的刻度，將壓扁的麵皮放入壓麵機中，按下開關。

2 麵皮會被壓得平整。

3 以不鏽鋼棍將壓好的整條麵帶捲起，再次架在壓麵機上。

4 如此反覆操作，壓至呈平整光滑的麵帶。

基本技法 6 手搖壓麵機壓麵皮

1 調好壓麵機的刻度，將麵團放入壓麵機中。

2 以手搖動，反覆操作，壓製到呈平整光滑的麵皮。

★一般家庭多備有手搖壓麵機，操作很方便，但壓出來的麵皮和電動壓麵機相比，較不光滑、不緊實。

基本技法 7 麵團滾圓

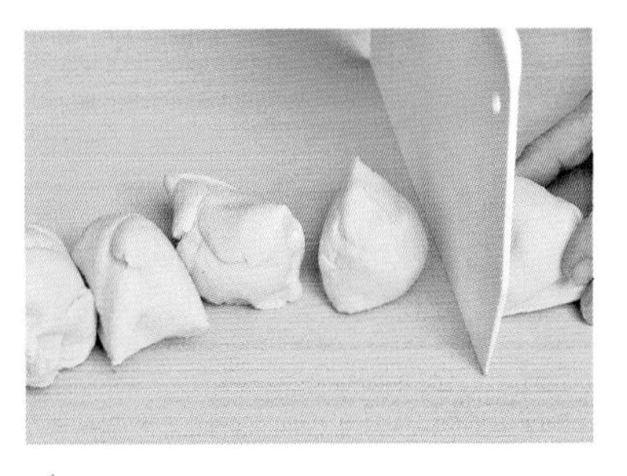

1 這裡以 P.43 扯麵步驟為例，將麵團分割成 10 等分。

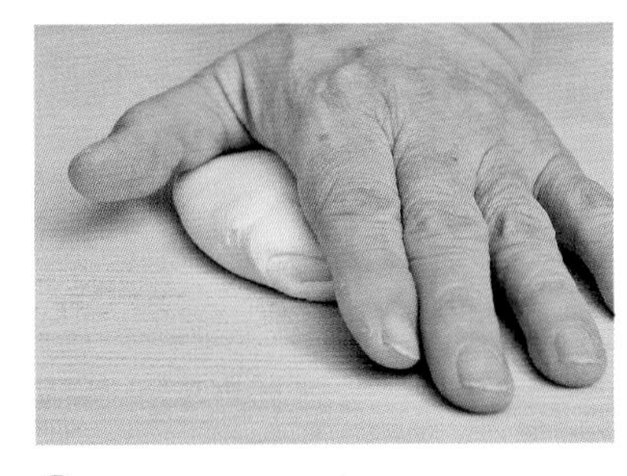

2 將麵團壓扁。

3 每一邊的麵團往中間摺，壓一下。

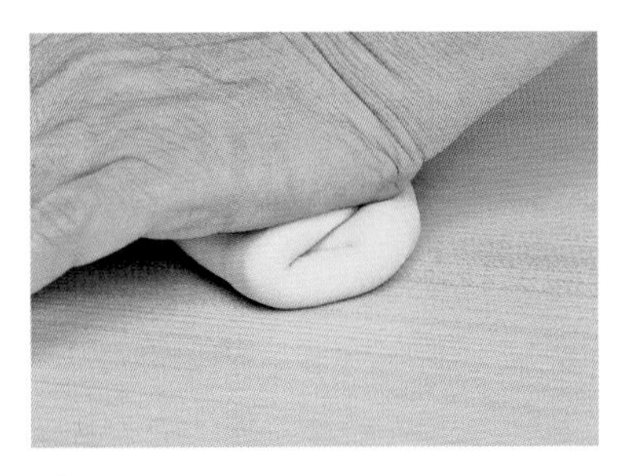

4 再摺壓。

5 摺壓完成的狀態。

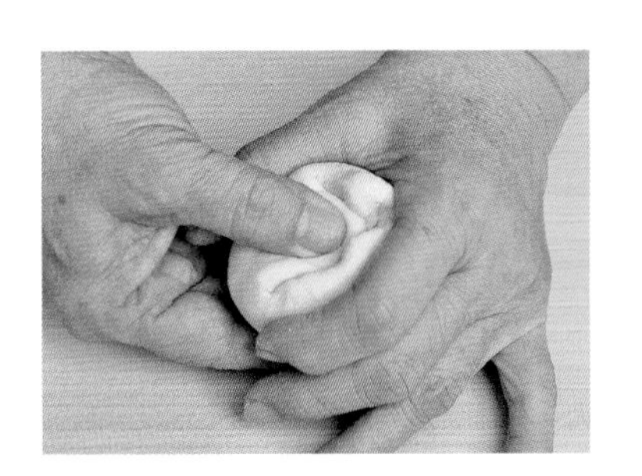

6 將麵團往中間收口。

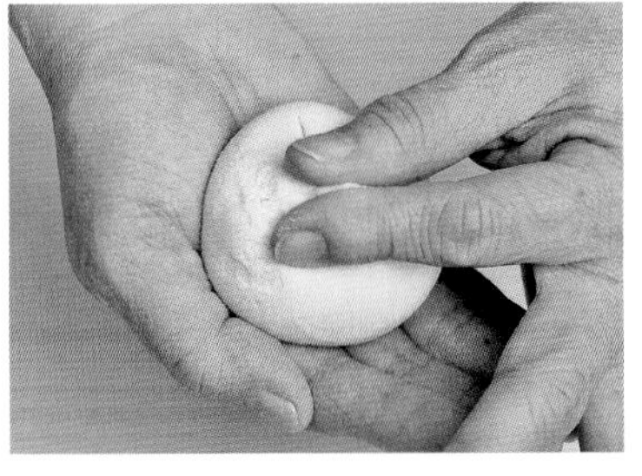

7 把中間收口捏緊。

8 雙手滾圓。

★麵團滾圓可用手機掃描 QR CODE 觀看。

小祕訣

麵團往中間摺壓時，要稍微拿捏力道，不須過度用力滾圓，這樣滾圓好的麵團表面才會呈現光滑。

PART 1

冷水麵類

水調麵團是指將麵粉和水混合，再以手揉或機器攪拌成的麵團。

如果加入的水是常溫（30℃以下）的冷水，

和成的麵團稱為「冷水麵團」。

由於冷水溫度不高，不會將麵粉中的澱粉糊化，

因此麵團筋性較強，比較結實，顏色白。

冷水麵團多用來製作各式麵條、餛飩、貓耳朵，

以及水餃、春捲皮、潤餅皮、淋餅等。

手擀家常麵

延伸烹調 **醡醬麵**

（做法見 P.24）

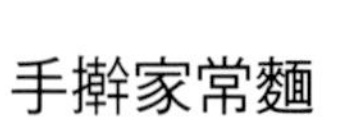

手擀家常麵

成品：麵條 1500 公克

原料	%	公克
●麵條		
粉心麵粉	100	1000
水	50	500
鹽	1	10
合計	151	1510
●冷卻麵條		
冰飲用水		適量
●拌油		
沙拉油	10	60

醡醬麵

原料	%	公克 / 數量
●醡醬料		
沙拉油	20	60
八角		2 粒
豬絞肉	100	300
豆乾丁	100	300
豆瓣醬	40	120
甜麵醬	40	120
蔥花		1 支
薑末		4 片
蒜末		3 瓣
熟毛豆	40	120
熟筍丁	40	120
酒	10	30
水	200	600
●調味料		
糖	10	30
味精	1	3
合計	601	1803
●配菜		
豆芽菜		適量
青江菜		適量

製作流程

製作麵條

1 參照 P.16「手工揉麵團」的做法，將所有材料攪拌至鬆散小麵片狀（絮狀）。

2 包上保鮮膜或塑膠袋，鬆弛 10 分鐘（揉 3 次，鬆弛 3 次麵團）。

3 略微整成圓形或枕頭形。

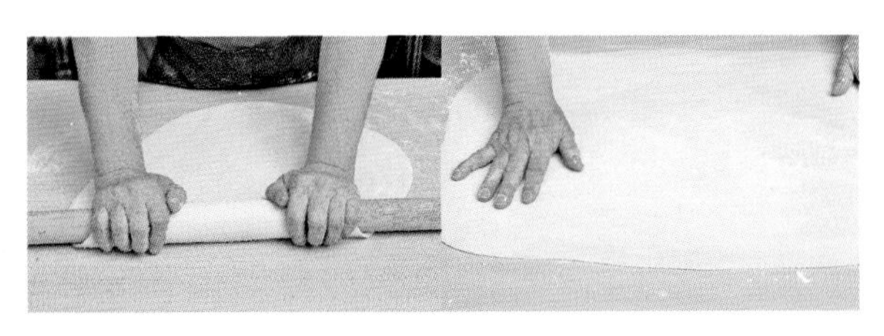

4 撒些許手粉，依個人喜歡的厚薄，擀成薄麵皮。

★擀好的薄麵皮可兩面撒上樹薯澱粉、玉米粉等抹平，防止麵皮沾黏。

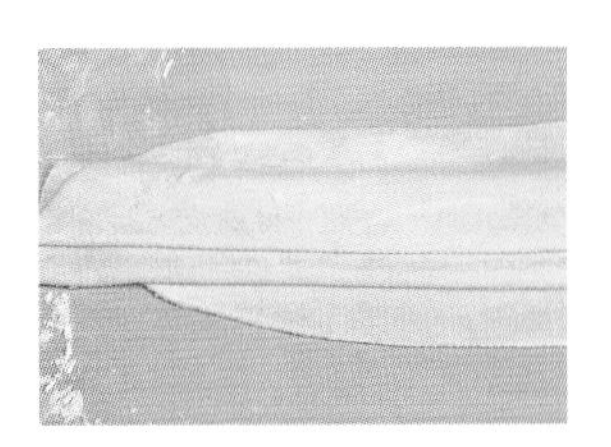

5 提起麵皮來回摺疊成 3 ～ 6 層的扇形。

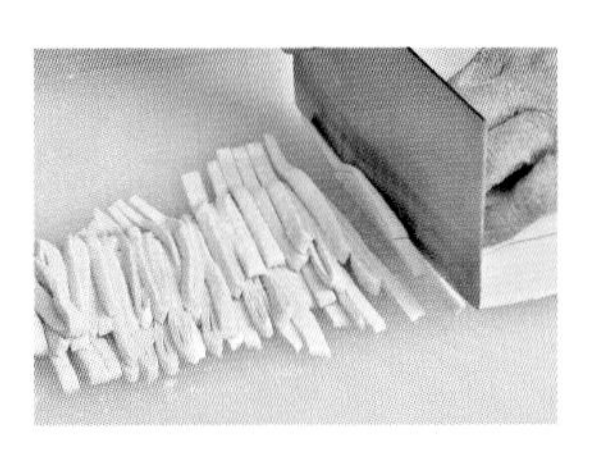

6 以間距寬 0.8 公分，切成麵條。

煮麵條

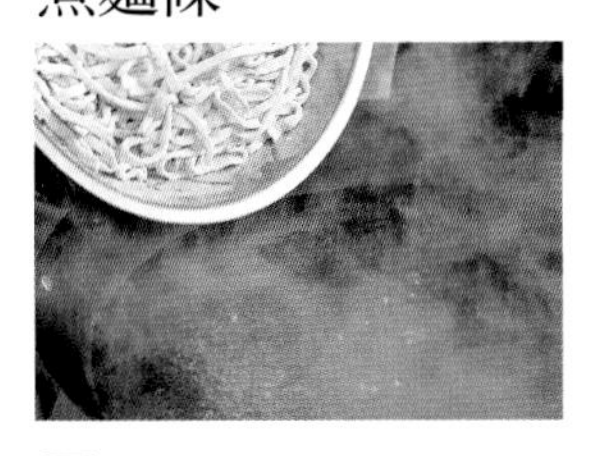

7 備一鍋滾水（水要多），放入麵條煮熟。

8 撈出瀝乾水分。

9 麵條放入冰飲用水中冷卻，然後撈出瀝乾水分。

10 拌入些許沙拉油。

小祕訣

1. 做好的生麵條可以先分成一人份，以密封袋盛裝，放入冷凍可保存 3 個月。
2. 製作流程 4 手擀麵團時，須使用分段式擀法。先從中間往兩旁擀，再左右擀，等擀不動時（麵皮會回縮），先停下來，蓋上塑膠袋再鬆弛 10 分鐘，然後換長擀麵棍來擀。

醡醬麵

製作流程

炒製醡醬料

1 鍋燒熱，倒入沙拉油，放入八角炒出香味，撈出八角。

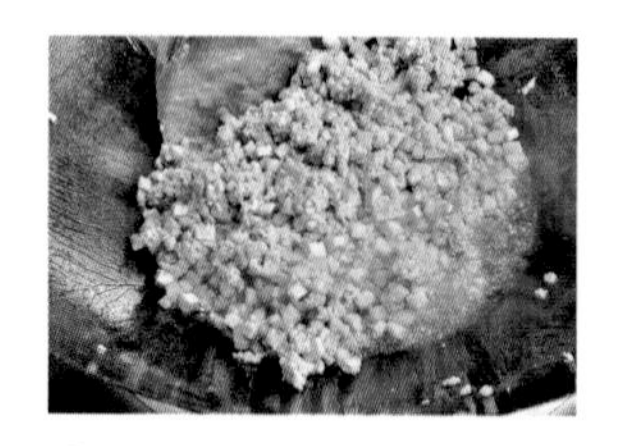

2 放入豬絞肉、豆乾丁炒香。

★豬絞肉、豆乾丁可以先拌入些許拉油，能避免黏鍋，且絞肉易炒散。

3 依序加入薑末、蒜末稍微拌炒，再加入豆瓣醬、甜麵醬、酒、調味料和水炒散。

4 依序加入熟毛豆、熟筍丁。

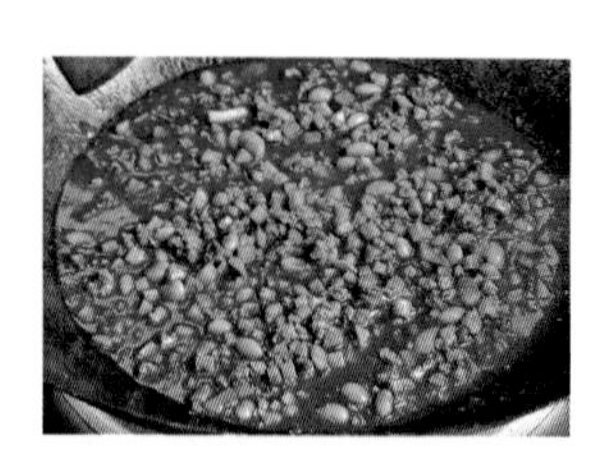

5 炒至湯汁略收。

6 調整味道，起鍋，盛入盤中。

7 備一鍋滾水，分別汆燙豆芽菜、青江菜。

組合

8 將麵條放入盤中，淋上醡醬，放上豆芽菜、青江菜，撒上蔥花即可享用。

小祕訣

1. 手擀家常麵條除了製作醡醬麵之外，也可搭配榨菜肉絲、雪菜肉絲等，成為各種口味的湯麵。
2. 煮麵條的時間可依照麵條的粗細，以及喜歡的口感斟酌。

油麵

延伸烹調 什錦炒麵

（做法見 P.29）

油麵

成品：麵條 900 公克

原料	%	公克
●麵條		
冷水	40	240
鹼水	3	18
黃梔子粉	1	6
鹽	1	6
粉心麵粉	100	600
樹薯澱粉	5	30
合計	150	900
●冷卻麵條		
冰飲用水		適量
●拌油		
沙拉油	10	60

什錦炒麵

原料	%	公克 / 數量
●炒麵配料		
豬肉		50
蝦仁		50
花枝		50
魷魚		50
洋蔥絲		50
高麗菜絲		100
紅蘿蔔絲		20
黑木耳絲		20
蔥段		10
薑末		5
蒜末		5
紅辣椒片		1 條
香菜		10
油蔥酥		5
●調味料		
鹽		1/2 小匙
醬油		1 小匙
味精		1/4 小匙
糖		1/2 小匙
烏醋		1 小匙
香油		1 小匙

＊烹調部分的食材不標示百分比（%）

製作流程

製作麵條

1 將冷水、鹼水、黃梔子粉和鹽混合均勻。

2 加入麵粉、樹薯澱粉中拌勻。

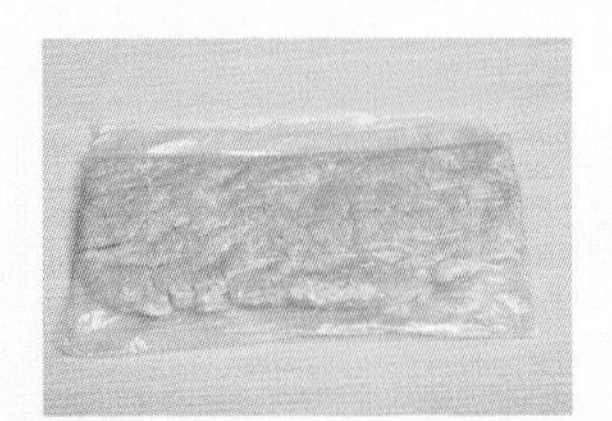

3 放入塑膠袋內，壓扁，鬆弛 30 分鐘以上。

★麵團壓扁鬆弛，等一下比較容易過壓麵機。

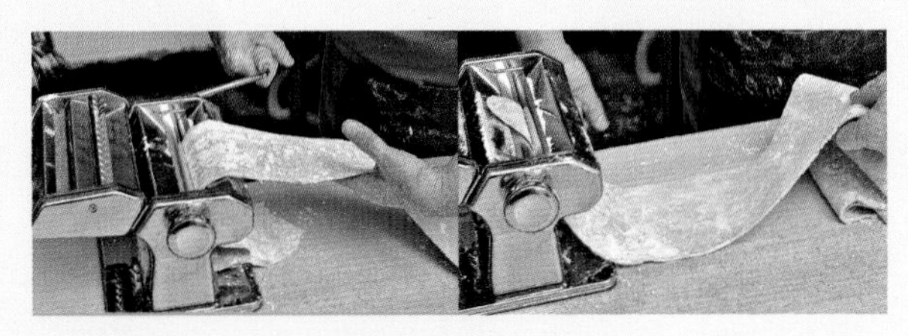

4 參照 P.18「手搖壓麵機壓麵皮」的做法，將麵皮延壓成麵帶。

★麵皮的厚度約 0.3 公分。

5 用麵條機將麵帶切成細麵條。

煮麵條

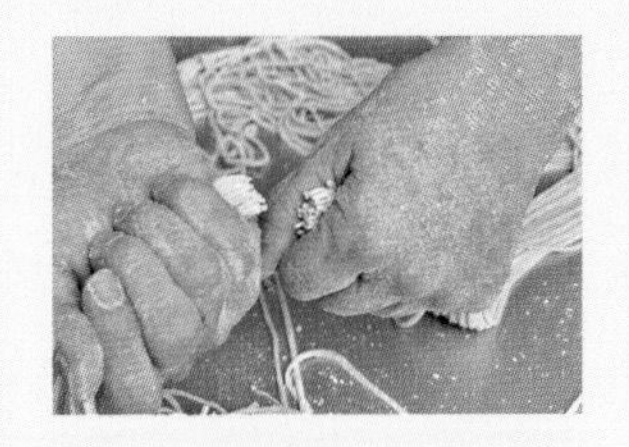

6 將麵條扯成 25～30 公分的長度。

7 備一鍋滾水（水要多），放入麵條煮熟（2～3 分鐘）。

8 撈出瀝乾水分。

9 麵條放入冰飲用水中冷卻，再撈出瀝乾水分。

10 拌入些許沙拉油。

小祕訣

製作流程 4 中，也可以參照 P.18「電動壓麵機壓麵皮」的做法，將麵皮延壓成麵帶，再切成細麵條。

延伸烹調 什錦炒麵

製作流程

烹調什錦炒麵

1 豬肉洗淨切片，用少許醬油、糖、太白粉、香油醃至入味。

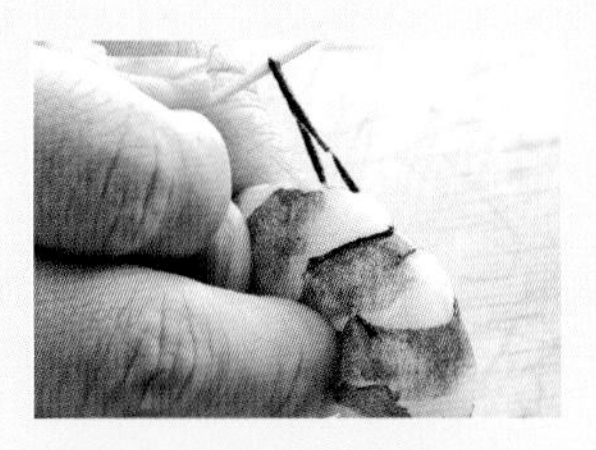

2 蝦仁洗淨去腸泥，用少許米酒、太白粉醃至入味。

3 花枝和魷魚洗淨，切花刀，再切片，放入滾水中汆燙熟。

4 備好洋蔥絲、高麗菜絲、紅蘿蔔絲、黑木耳絲，以及蔥白段、蔥綠段、紅辣椒片、薑末和蒜末。

5 鍋燒熱，倒入適量油，放入豬肉片、蝦仁過油，盛出。

6 放入洋蔥絲、高麗菜絲、紅蘿蔔絲、黑木耳絲、蔥白段、薑末和蒜末炒香。

7 加入適量水、油麵，將油麵炒散。

8 倒入調味料（除了烏醋和香油），續入豬肉片、蝦仁、花枝和魷魚拌炒。

9 加入蔥綠段、油蔥酥、紅辣椒片拌炒均勻。起鍋前加入少許醋、香油，盛盤後擺上少許香菜即可享用。

涼麵

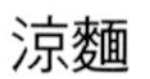 五彩雞絲涼麵

（做法見 P.32）

涼麵
成品：麵條 930 公克

原料	%	公克
●麵條		
粉心麵粉	100	600
樹薯澱粉	10	60
冷水	42	252
鹼水	1	6
鹽	1	6
黃梔子粉	1	6
合計	155	930
●冷卻麵條		
冰飲用水		適量
●拌油		
沙拉油	10	60

涼麵

原料	%	公克 / 數量
●芝麻醬料		
芝麻醬	100	150
醬油	40	60
細砂糖	40	60
味精	2	3
白醋	10	15
烏醋	10	15
辣油	5	8
蒜泥	20	30
花生粉	30	45
冷開水		200
●配料		
小黃瓜絲		2 條
紅蘿蔔絲		1/4 條
雞蛋		2 個
雞胸肉絲		1/2 個
黑木耳絲		100

＊烹調部分的食材不標示百分比（%）

製作流程

製作麵條

1 將麵粉、樹薯澱粉倒入攪拌盆中拌勻。

2 加入鹽、黃梔子粉。

3 倒入冷水、鹼水，用刮刀切拌至看不到乾粉的絮狀。

4 放入塑膠袋內，壓扁，等一下比較容易用機器壓平。鬆弛 30 分鐘以上。

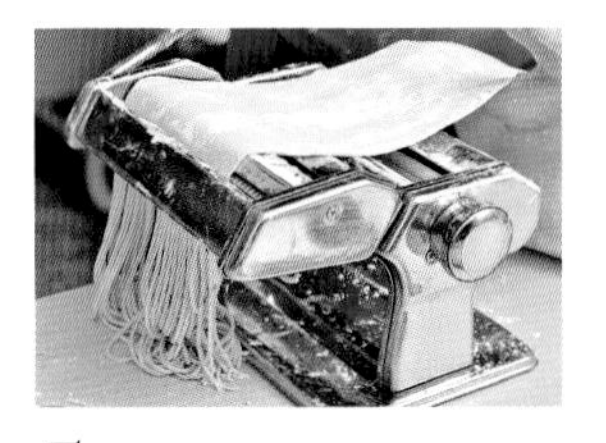

5 參照 P.18「手搖壓麵機壓麵皮」的做法，將麵皮延壓成麵帶，再切成細麵條。

6 將麵條扯成 25～30 公分的長度。

煮麵條

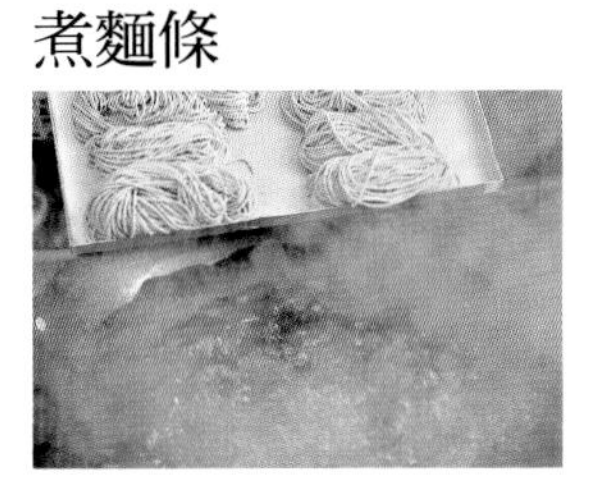

7 備一鍋滾水（水要多），放入麵條煮熟（2～3 分鐘）。

8 撈出瀝乾水分。

9 放入冰飲用水中冷卻，再撈出瀝乾水分。

10 拌入些許沙拉油。

小祕訣

煮好的麵條如果沒有要立刻烹調的話，必須先放入冰飲用水中冷卻，再撈出瀝乾水分，再拌油。

五彩雞絲涼麵

製作流程

處理配料

1 備好小黃瓜絲、紅蘿蔔絲、黑木耳絲；雞蛋煎成蛋皮後切成絲；雞胸肉煮熟，冷卻剝絲。

★這些配料盡量切得一樣長度，兼具口感、外觀。

調製芝麻醬料

2 將芝麻醬、辣油倒入攪拌盆中拌勻。

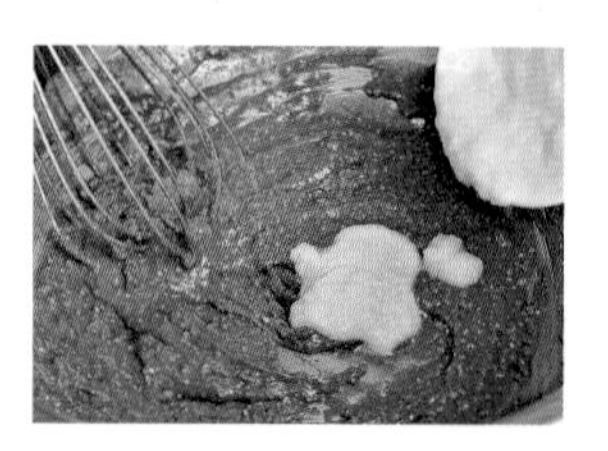

3 加入細砂糖、味精、蒜泥和花生粉等乾性材料拌勻。

4 加入醬油、白醋、烏醋等濕性材料拌勻，最後分次加入冷開水拌勻。

★加入材料的順序是油脂類→乾性材料→濕性材料。

組合

5 將涼麵放在盤中，擺上配料，最後淋上芝麻醬料即可享用。

小祕訣

調製芝麻醬料這類含油脂的醬料時，材料加入的順序很重要。首先加入油脂類，可使材料先乳化，避免油水分離，然後才加乾性材料，最後加入濕性材料。而且最後加入水時，每次加入水，都要確定已拌勻，才能再繼續加入攪拌。

刀削麵

延伸烹調 木須刀削麵

（做法見 P.37）

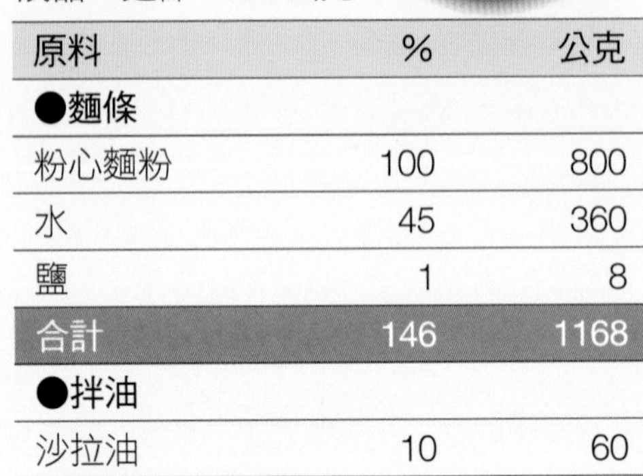

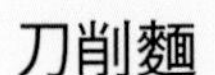

刀削麵

成品：麵條 1168 公克

原料	%	公克
●麵條		
粉心麵粉	100	800
水	45	360
鹽	1	8
合計	146	1168
●拌油		
沙拉油	10	60

木須刀削麵

原料	%	公克 / 數量
●配料		
豬肉絲		120
雞蛋		4 個
黑木耳絲		40
紅蘿蔔絲		40
高麗菜絲		200
蔥段		2 支
紅辣椒段		1 支
蒜片		4 瓣
沙拉油		適量
●調味料		
醬油		適量
鹽		適量
味精		適量
糖		適量
烏醋		適量
胡椒粉		適量

＊烹調部分的食材不標示百分比（%）

製作流程

製作麵條

1 參照 P.16「手工揉麵團」的做法，將所有材料攪拌至鬆散小麵片狀（絮狀）。

2 揉成團，包上保鮮膜或塑膠袋，鬆弛 10～15 分鐘（揉 3 次，鬆弛 3 次麵團）。

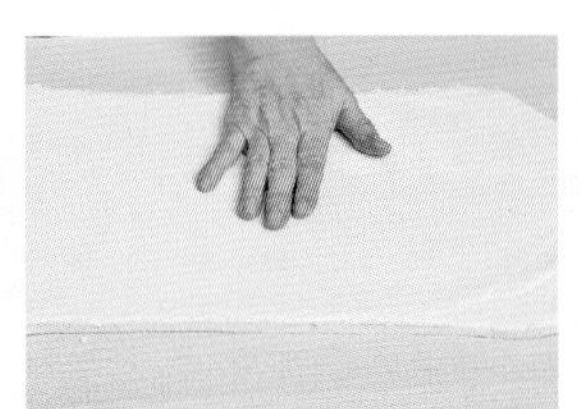

3 參照 P.18「手搖壓麵機壓麵皮」的做法，將麵皮延壓成 1 公分厚的長麵皮，表面抹水。

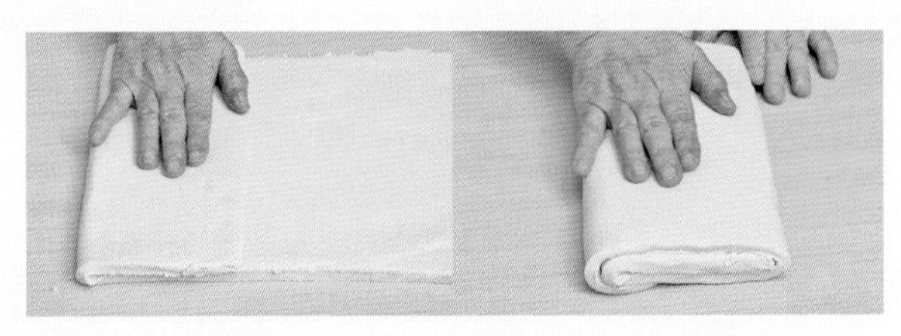

4 先將右邊麵皮摺到中間，壓緊，再將左邊麵皮摺到中間，壓緊，捲成枕頭狀。

★麵皮寬度要略小於麵托板的寬度，不可超過。

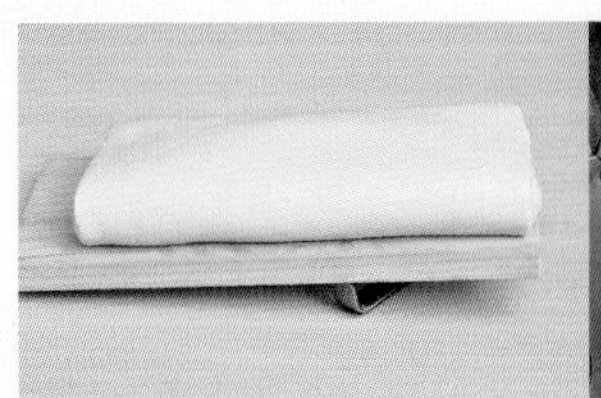

5 麵皮底部抹些水，貼在麵托板上，朝自己方向放上，確認麵皮有黏住麵托板。

6 左手拖住麵托板，右手握刀，將麵皮削成條狀，削入撒了粉的托盤中。

煮麵條

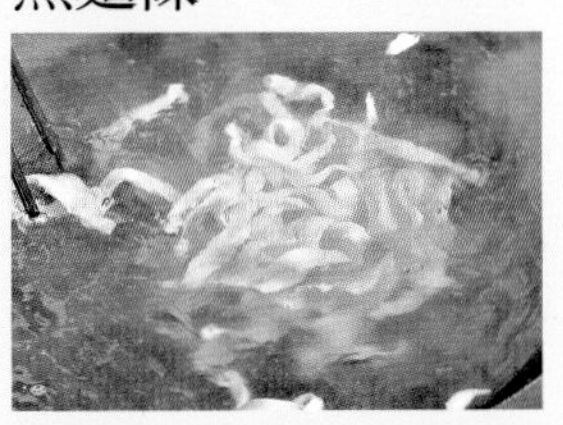

7 備一鍋滾水（水要多），放入麵條煮熟。

8 撈出瀝乾水分。

9 拌入些許沙拉油。

小祕訣

如果熟悉削麵條的動作，也可以直接將麵條削入一鍋滾水中煮熟。

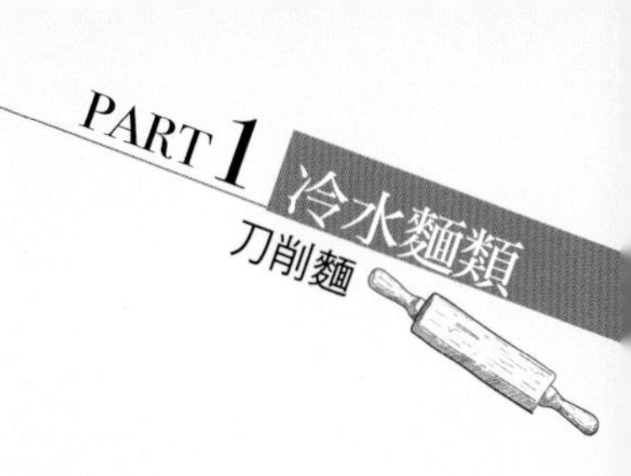

延伸烹調 木須刀削麵

製作流程

烹調配料

1 豬肉絲用少許醬油、糖醃至入味。

2 醃好的豬肉絲過油，備用。

3 備妥黑木耳絲、紅蘿蔔絲、高麗菜絲。

4 備妥蔥段、蒜片、紅辣椒段。

5 鍋燒熱，倒入適量沙拉油，加入蛋液炒至金黃，盛出。

6 放入蔥白、蒜片爆香，加入紅辣椒段，再依序加入黑木耳絲、紅蘿蔔絲、高麗菜絲，倒入適量水炒香，最後加入蔥綠炒熟。

7 加入豬肉絲、雞蛋、刀削麵條、少許水和調味料，拌炒均匀即可享用。

小祕訣

爆香時先放入蔥白，可以提香；最後起鍋前再放入蔥綠炒，可以防止蔥綠變色。

三色貓耳朵

延伸烹調 炒三色貓耳朵

（做法見 P.40）

三色貓耳朵

成品：貓耳朵 130 個，每個 5 公克

原料	%	公克
●黃色麵團		
粉心麵粉	100	150
黃梔子粉	2	3
水	46	69
鹽	1	1.5
●紅色麵團		
粉心麵粉	100	150
甜菜根粉	2	3
水	46	69
鹽	1	1.5
●綠色麵團		
粉心麵粉	100	150
綠茶粉	2	3
水	46	69
鹽	1	1.5
合計	447	670.5

炒三色貓耳朵

原料	%	公克 / 數量
●配料		
沙拉油		30
瘦肉丁		200
小黃瓜丁		1 條
玉米粒		100
熟紅蘿蔔丁		100
蔥花		2 支
薑末		1 大匙
蒜末		1 大匙
●調味料		
鹽		1/4 小匙
味精		1/4 小匙
醬油		1 小匙
糖		1/4 小匙
胡椒粉		少許
香麻油		1 大匙
烏醋		1 小匙

＊烹調部分的食材不標示百分比（%）

製作流程

製作黃色麵團

1 參照 P.16「手工揉麵團」的做法，將所有材料攪拌至鬆散小麵片狀（絮狀）。

2 包上保鮮膜或塑膠袋，鬆弛 10 分鐘（揉 3 次，鬆弛 3 次麵團）。

製作紅色麵團

3 參照 P.16「手工揉麵團」的做法，將所有材料攪拌至鬆散小麵片狀（絮狀）。

★也可以用甜菜根（36 公克）加水（36 公克），以果汁機攪打成汁，再將甜菜根汁、麵粉和鹽揉成麵團。

4 包上保鮮膜或塑膠袋，鬆弛 10 分鐘（揉 3 次、鬆弛 3 次麵團）。

製作綠色麵團

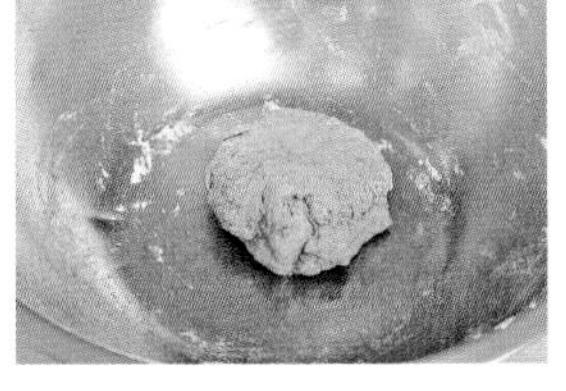

5 參照 P.16「手工揉麵團」的做法，將所有材料攪拌至鬆散小麵片狀（絮狀）。

★也可以用青江菜（36 公克）加水（36 公克），以果汁機攪打成汁，再將青江菜汁、麵粉和鹽揉成麵團。

6 包上保鮮膜或塑膠袋，鬆弛 10 分鐘（揉 3 次，鬆弛 3 次麵團）。

小祕訣

麵團鬆弛時，可參照 P.16「手工揉麵團」的製作流程 3 ～ 4，可視情況揉 3 次、鬆弛 3 次麵團，使成光滑的麵團。

疊好三色麵皮

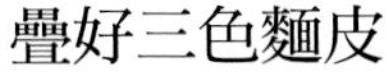

7 紅、黃、綠三色麵團分別以壓麵機壓成薄麵皮。

★可參照 P.18 以手擀、電動壓麵機、手搖壓麵機壓好適當厚度的麵皮。

8 分別將三色麵皮的表面抹些許水。

9 把三色麵皮黏貼在一起。

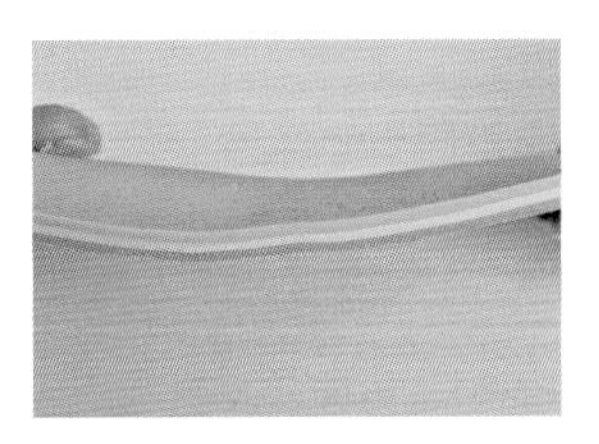

10 壓延成 0.8 公分厚的麵皮。

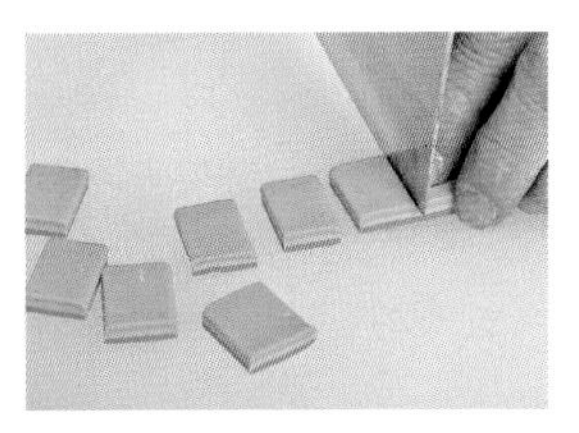

11 切成 1 ～ 1.5 公分平方的小麵塊。

製作、煮熟貓耳朵

12 將小麵塊放在竹簾上，以大拇指「壓、推」麵塊。

★此處不可太過用力，以免小麵塊破掉。

13 完成上圖貓耳朵的形狀。

14 備一鍋滾水，放入貓耳朵煮4～5分鐘至熟，撈出瀝乾水分。

15 最後倒入些許油拌一下。

★煮好的貓耳朵如果沒有要馬上烹調，要倒入些許油拌一下，避免黏在一起。

小祕訣

製作貓耳朵時，可以將竹簾的竹條轉動方向，做出橫條紋、斜條紋和直條紋等外型，再搭配不同長度，都能做出很有特色的貓耳朵（見右圖）。

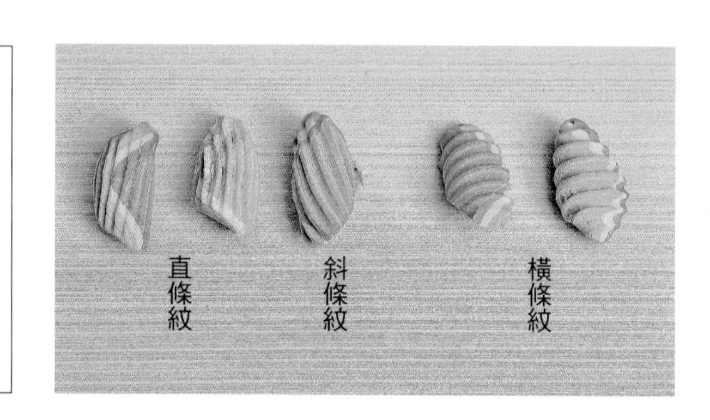

延伸烹調 炒三色貓耳朵

製作流程

烹調配料

1 瘦肉丁用少許醬油、糖、香油和太白粉醃至入味。

2 起油鍋，放入薑末、蒜末爆香，然後加入瘦肉丁炒熟。

3 加入小黃瓜丁、玉米粒、熟紅蘿蔔丁和煮熟的貓耳朵。

4 加入少許水、綜合調味料（除了烏醋和香麻油）和蔥花拌炒至入味，起鍋前淋上香麻油、烏醋即可。

扯麵

延伸烹調 油潑辣子麵

（做法見 P.44）

扯麵

成品：麵條 891 公克

原料	%	公克
●麵條		
粉心麵粉	100	600
水	48	288
鹽	0.5	3
沙拉油		適量
合計	148.5	891
●拌油		
沙拉油	10	60

油潑辣子麵

原料	%	公克 / 數量
●油潑辣子		
沙拉油		2 大匙
粗辣椒粉		1 小匙
醬油		1 小匙
蔥花		1 小匙
鹽		少許
味精		少許
水		適量

＊烹調部分的食材不標示百分比（%）

製作麵條

1 參照 P.16「手工揉麵團」的做法，將所有材料攪拌至鬆散小麵片狀（絮狀）。

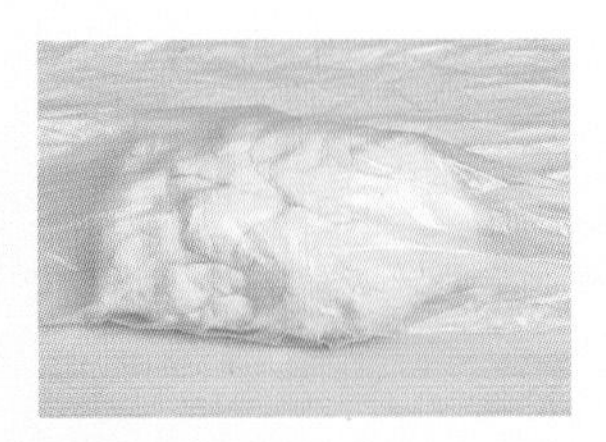

2 揉成團，包上保鮮膜或塑膠袋，鬆弛 10 ～ 15 分鐘。

3 用刮刀將麵團分割成 10 等分。

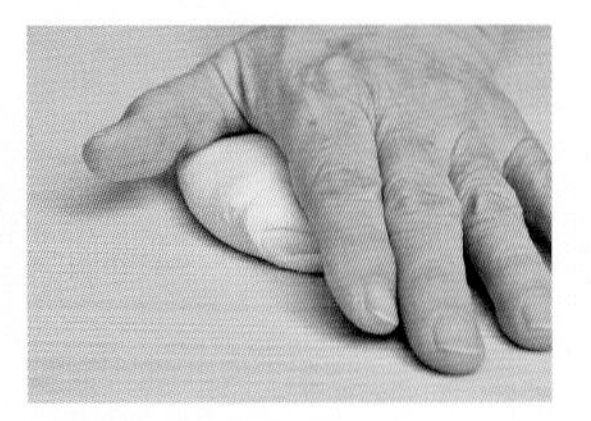

4 將麵團壓扁。

5 每一邊的麵團往中間摺，壓一下。

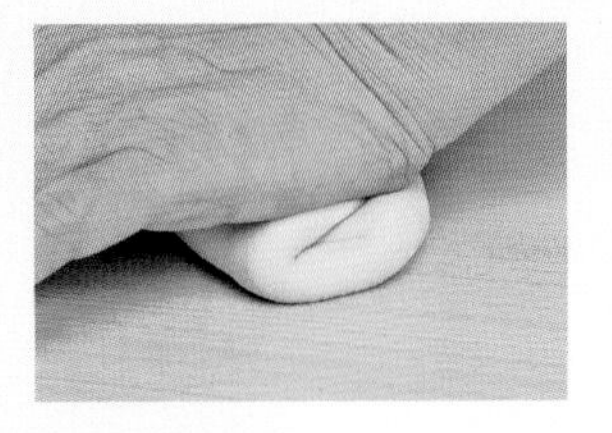

6 再摺壓。

7 摺壓完成的狀態。

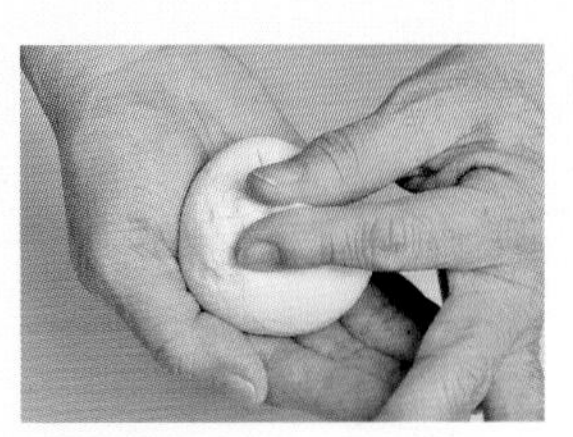

8 將麵團往中間收口，捏緊。

9 將麵團滾圓。

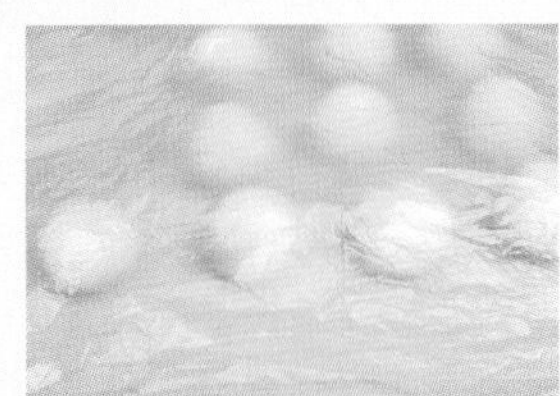

10 蓋上塑膠袋，鬆弛一下。

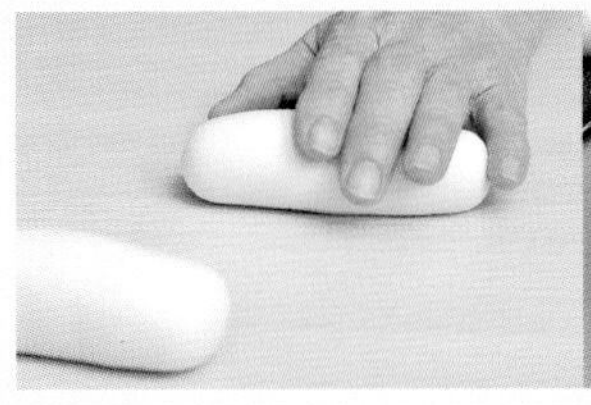

11 將每個麵團搓揉成長條橢圓狀，放入沙拉油中沾勻。

★抹上沙拉油可以隔絕空氣、保持濕度，避免麵團表面結皮。

12 蓋上塑膠袋，鬆弛 60 分鐘以上。

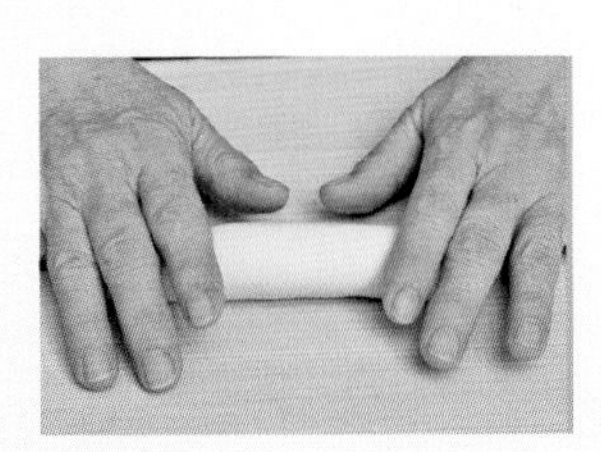

13 將鬆弛好的麵團整成長條狀。

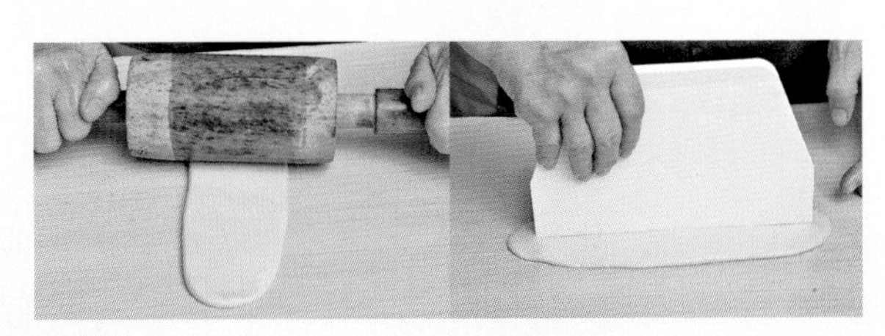

14 擀成薄麵皮，中間用刮刀壓一條線。

★除了刮刀，也可以用筷子壓一條線。

15 雙手慢慢左右拉長麵皮。

★控制力道和速度，緩緩將麵皮拉長。

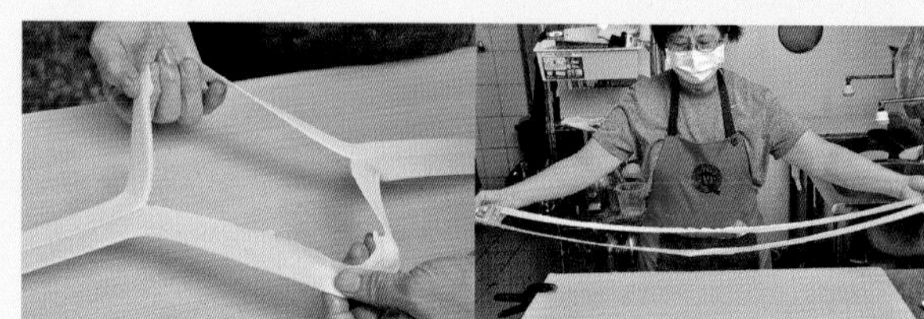

16 從中間那條線拉開，剝開成長麵條。

★慢慢從中間拉開，拉到整塊麵皮如圖中般拉開。

煮麵條

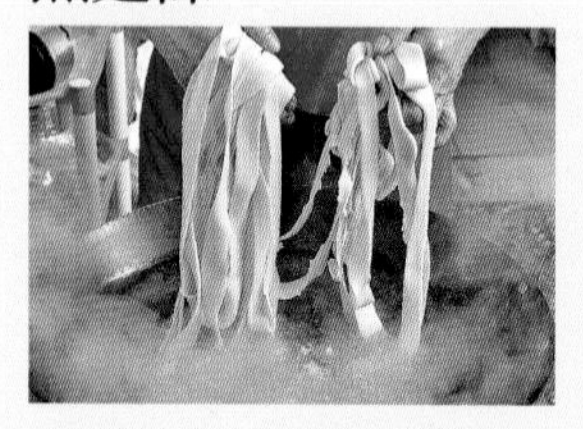

17 備一鍋滾水（水要多），放入麵條煮熟。

18 撈出瀝乾水分。

19 拌入些許沙拉油。

★麵團滾圓可用手機掃描 QR CODE 觀看。

★扯麵手法可用手機掃描 QR CODE 觀看。

延伸烹調 油潑辣子麵

製作流程

組合

1 備一個碗，碗底放入醬油、味精、鹽和少許煮麵條的滾水。

2 放入煮熟的扯麵。

3 撒上粗辣椒粉、蔥花。

4 澆上燒熱至 180～200℃的沙拉油（鍋邊會冒煙）即可。

新疆拉條子

延伸烹調 新疆大盤雞拌麵

（做法見 P.48）

新疆拉條子

成品：麵條 906 公克

原料	%	公克
●麵條		
粉心麵粉	100	600
水	48	288
鹽	1	6
沙拉油	2	12
合計	151	906
●拌油		
沙拉油	10	60

新疆大盤雞拌麵

原料	%	公克／數量
●大盤雞配料		
去骨雞腿塊		2 隻
馬鈴薯塊		2 個
紅蘿蔔塊		1/2 條
青蔥段		1 支
蒜苗段		1 支
薑片		4 片
蒜片		4 瓣
紅辣椒段		2 條
青椒片		1 個
黃椒片		1 個
紅椒片		1 個
●調味料		
醬油		適量
郫縣豆瓣醬		適量
鹽		適量
味精		適量
酒		適量
花椒油		適量
十三香粉		適量

＊烹調部分的食材不標示百分比（％）

製作流程

製作麵條

1 參照 P.16「手工揉麵團」的做法，將所有材料攪拌至鬆散小麵片狀（絮狀）。

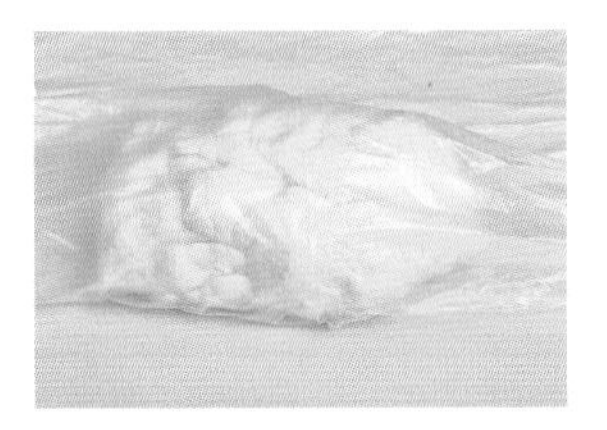

2 揉成團，包上保鮮膜或塑膠袋，鬆弛 10 ～ 15 分鐘。

3 將麵團分割成 10 等分。

4 參照 P.43 製作流程 5 ～ 10 將麵團滾圓，蓋上塑膠袋，鬆弛一下。

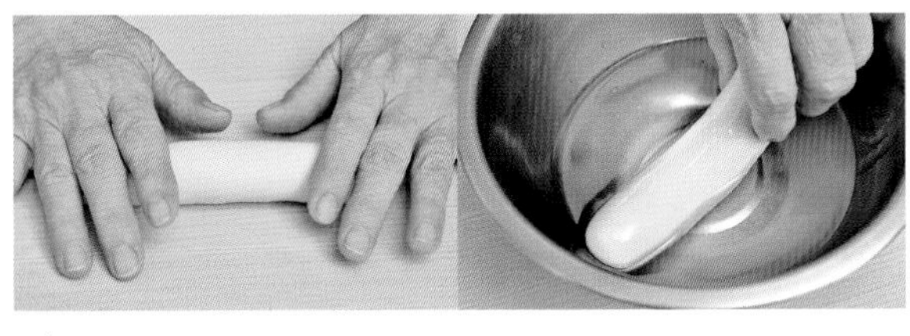

5 將每個麵團搓揉成長條橢圓狀，放入沙拉油中沾勻。

★抹上沙拉油可以隔絕空氣、保持濕度，避免麵團表面結皮。

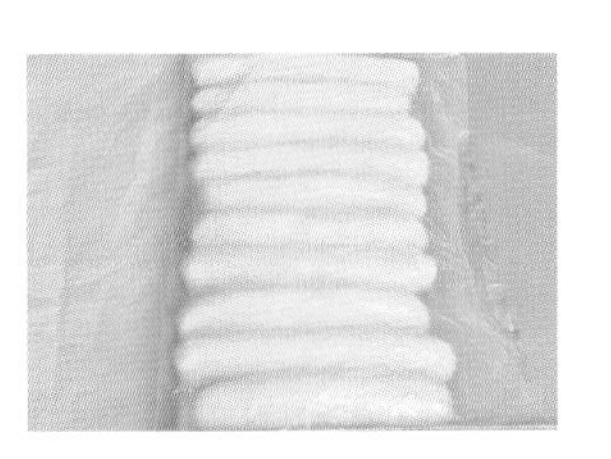

6 蓋上塑膠袋，鬆弛 2 小時以上。

★鬆弛的時間越久，比較容易拉開成長麵條。

7 雙手慢慢左右拉成長麵條，拉開到最長。

★拉出的麵條粗細要相同，大約比筷子稍微粗一點。

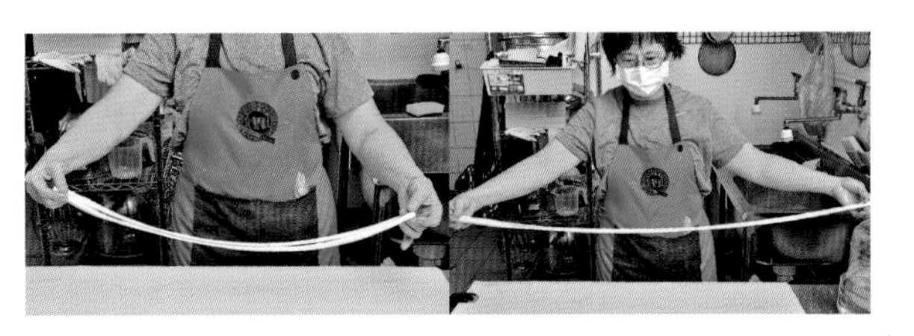

8 長麵條對摺，再一次拉開。

★拉麵條時，不可硬拉，慢慢輕輕地拉，以免拉斷。

9 再次對摺並拉開。

10 長麵條一邊摔打桌面，一邊拉長。

★可以用對摺的方式，來調整麵條的粗細。

煮麵條

11 備一鍋滾水（水要多），放入麵條煮熟。

12 撈出瀝乾水分。

13 拌入些許沙拉油。

★麵團滾圓可用手機掃描 QR CODE 觀看。

延伸烹調 新疆大盤雞拌麵

製作流程

烹調

1 備好雞腿塊。

2 備好青蔥段、蒜苗段、薑片、蒜片、紅辣椒段、青椒片、黃椒片和紅椒片。

3 備妥馬鈴薯塊、紅蘿蔔塊，放入滾水中煮熟，取出備用。

4 鍋燒熱，倒入適量沙拉油，爆香蔥白段、蒜白段、蒜片、薑片，加入雞腿塊炒。

5 倒入調味料和適量水，加入馬鈴薯塊、紅蘿蔔塊繼續煮至濃稠。

6 加入紅辣椒段、青椒片、黃椒片、紅椒片、蔥綠段和蒜綠段拌炒，起鍋盛盤。

7 可以將炒好的大盤雞搭配拉條子一起享用。

小祕訣

炒大盤雞的過程中，可視狀況添加水，才能將紅蘿蔔、馬鈴薯和雞腿塊煮透。

生鮮麵條

延伸烹調 **陽春麵**

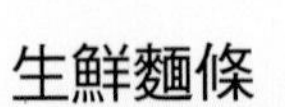

（做法見 P.53）

生鮮麵條

成品：麵條 835 公克

原料	%	公克
●麵條		
粉心麵粉	100	600
水	38	228
鹼水	0.2	1.2
鹽	1	6
防沾太白粉		適量
合計	139.2	835.2

陽春麵

原料	%	公克 / 數量
●高湯		
豬大骨		1 支
蔥		20
薑片		20
水		適量
●配料		
紅蔥頭		150
豬油		150
韭菜		70
豆芽菜		300
●調味料		
鹽		20
味精		10
淡色醬油		10
冷開水		100
合計		140

＊烹調部分的食材不標示百分比（%）

製作流程

製作麵條

1 參照 P.16「手工揉麵團」的做法，將所有材料攪拌至鬆散小麵片狀（絮狀）。

2 揉成團，包上保鮮膜或塑膠袋，鬆弛 10 ～ 15 分鐘。

3 參照 P.18「電動壓麵機壓麵皮」的做法，將麵皮延壓成麵帶。

4 用麵條機將麵帶切成細麵條。
★寬條或細條可依個人喜好調整。

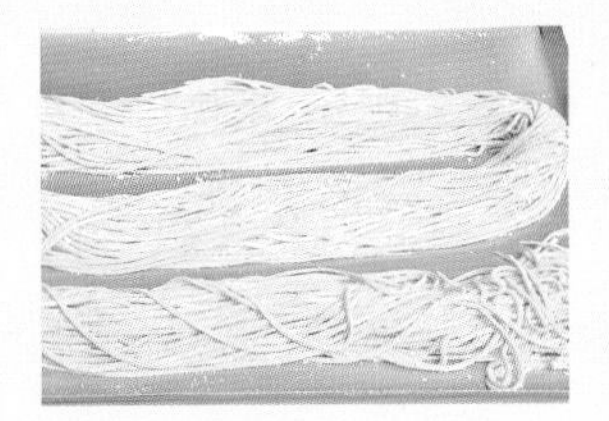

5 將麵條扯斷。
★麵條長度 25 ～ 30 公分最適合。

煮麵條

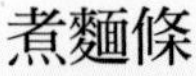

6 備一鍋滾水（水要多），放入麵條煮熟。

7 撈出瀝乾水分，放入碗中。

小祕訣

1. 這裡是將煮好的麵條撈出，直接放入碗中，因此必須事先熬製好高湯、炸好油蔥酥（參照 P.53），即可加上湯汁立刻食用。但如果沒有馬上要吃，可以將煮好的麵條放入冰飲用水中冷卻，再撈出瀝乾水分，拌入些許沙拉油。
2. 每碗陽春麵的份量，可取 120 ～ 150 公克的麵條煮熟，撈出麵條放入碗中，倒入大約 300 ～ 400 公克的高湯，再加入 1 大匙混合好的調味料。

延伸烹調 陽春麵

製作流程

熬製高湯

1 豬大骨洗淨，和蔥、薑片、水一起倒入鍋中，熬煮約 1 小時。

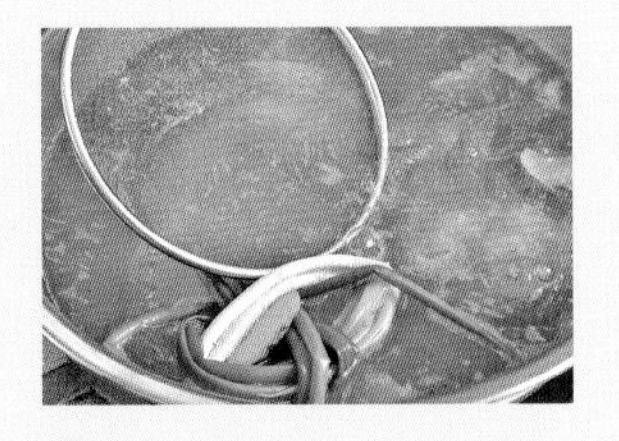

2 煮的過程中，要不時撈出浮末。

炸油蔥酥

3 紅蔥頭洗淨，剝去外皮，切成環狀片。

4 鍋燒熱，倒入豬油，油稍微熱即可放入紅蔥頭。

5 以小火炸至微黃，撈出。

★炸油蔥酥時要用小火慢慢炸，當快呈金黃色時先關火，以免溫度太高焦掉。

汆燙配菜

6 備一鍋滾水，放入韭菜、豆芽菜汆燙熟。

組合

7 將鹽、味精、淡色醬油和冷開水混合成調味料。

8 參照 P.51 製作流程 7，麵條撈出瀝乾水分，放入碗中。

9 放上韭菜、豆芽菜，加入適量的高湯、調味料和油蔥酥即可享用。

雞蛋麵

延伸烹調 香菇肉羹麵

（做法見 P.57）

雞蛋麵

成品：麵條 846 公克

原料	%	公克
●麵條		
粉心麵粉	100	600
冷水	20	120
蛋液	20	120
鹽	1	6
合計	141	846
●冷卻麵條		
冰飲用水		適量
●拌油		
沙拉油	10	60

香菇肉羹麵

原料	%	公克／數量
●香菇肉羹湯		
肉羹		600
高湯		1500
筍絲		100
香菇絲		15
紅蘿蔔絲		30
蒜酥		5
油蔥酥		5
太白粉		50
水		100
雞蛋		1 個
香菜		適量
●調味料（1）		
冰糖		20
醬油		20
鹽		8
味精		5
●調味料（2）		
香油		適量
烏醋		適量
白胡椒粉		適量

＊烹調部分的食材不標示百分比（%）

製作流程

製作麵條

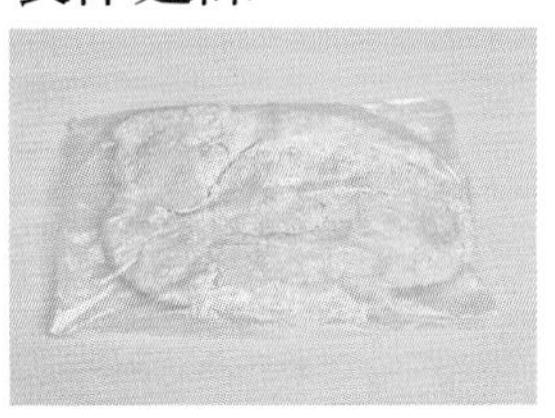

1 將冷水、蛋液和鹽混合均勻，加入麵粉拌勻，放入塑膠袋內，壓扁，鬆弛30分鐘以上。

★這樣等一下比較容易用壓麵機壓平。

2 參照P.18「手搖壓麵機壓麵皮」的做法，將麵皮延壓成麵帶。

★麵帶表面要撒上太白粉，防止沾黏，才能切條。

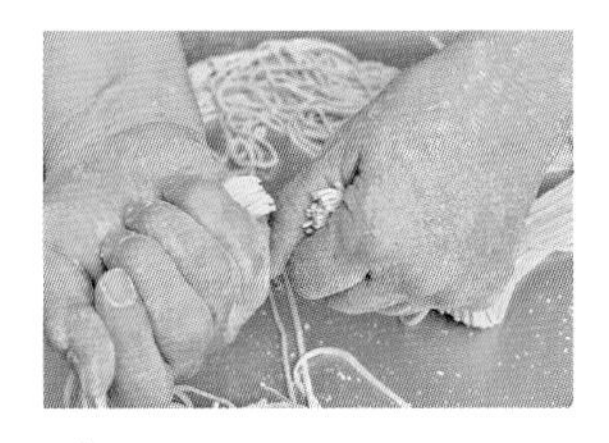

3 用麵條機將麵帶切成細麵條。

4 將麵條扯成25~30公分的長度。

煮麵條

5 備一鍋滾水（水要多），放入麵條煮熟（2～3分鐘）。

6 撈出瀝乾水分。

7 麵條放入冰飲用水中冷卻，再撈出瀝乾水分。

8 拌入些許沙拉油。

小祕訣

揉擀或壓麵機壓麵皮時，如果麵皮的表面有氣泡的話，可以用牙籤挑破，放任不管的話，麵皮會破掉。

延伸烹調 香茹肉羹麵

熬製高湯

烹調香菇肉羹湯

1 備妥香菇絲、紅蘿蔔絲和筍絲。

2 鍋燒熱，倒入適量油，放入三種絲料炒香。

3 加入高湯、肉羹煮滾。
★熬製高湯可參照 P.53。

4 加入適量的調味料（1）調整風味。

5 加入油蔥酥、蒜酥。

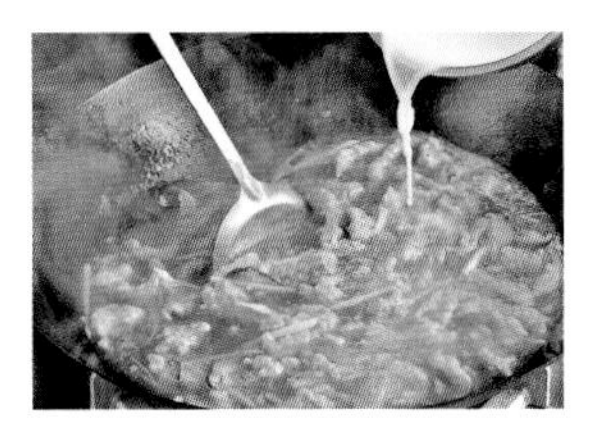

6 倒入太白粉水勾芡，煮滾。
★太白粉水的比例是粉 1：水 3。

7 煮滾後倒入蛋液、香油。

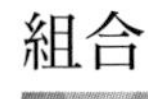
組合

8 雞蛋麵燙過熱水，裝入碗中，淋入香菇肉羹湯。

9 加入少許調味料（2），撒上香菜即可趁熱享用。

麵疙瘩

延伸烹調 三鮮麵疙瘩

（做法見 P.61）

麵疙瘩

三色麵團總量：933 公克

原料	%	公克
●麵疙瘩（一色材料）		
粉心麵粉	100	200
水	55	110
鹽	0.5	1
天然色料（墨魚粉、紅麴粉）		適量
合計	155.5	311
●冷卻麵條		
冰飲用水		適量
●拌油		
沙拉油	10	60

三鮮麵疙瘩

原料	%	公克 / 數量
●湯配料		
豬肉		50
草蝦		12 隻
蛤蜊		12 粒
蔥花		1 支
薑片		4 片
蒜片		3 瓣
紅蔥頭片		4 粒
洋蔥片		1/2 個
●調味料		
水		適量
鹽		適量
味精		適量

*烹調部分的食材不標示百分比（%）

製作流程

製作白麵團

1 參照 P.16「手工揉麵團」的做法，將所有材料攪拌至鬆散小麵片狀（絮狀）。

2 揉成團，包上保鮮膜或塑膠袋，鬆弛 30 分鐘以上。

製作黑麵團

3 將麵粉、墨魚粉先倒入攪拌盆中混合。

4 鹽與水混合均勻後倒入，攪拌至鬆散麵片狀。

5 揉成團，包上保鮮膜或塑膠袋，鬆弛 30 分鐘以上。

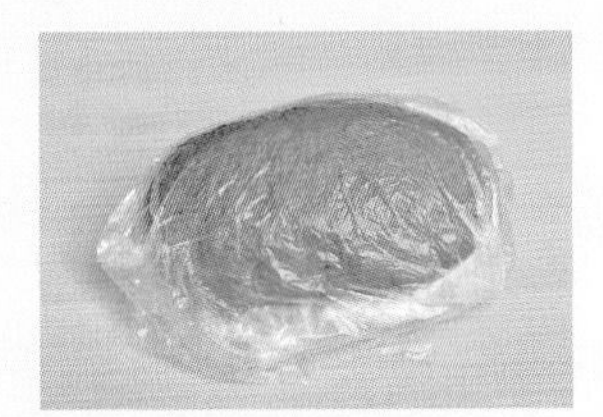

6 參照製作流程 3～4，改成紅麴粉，揉成團，包上保鮮膜或塑膠袋，鬆弛 30 分鐘以上。

製作麵疙瘩

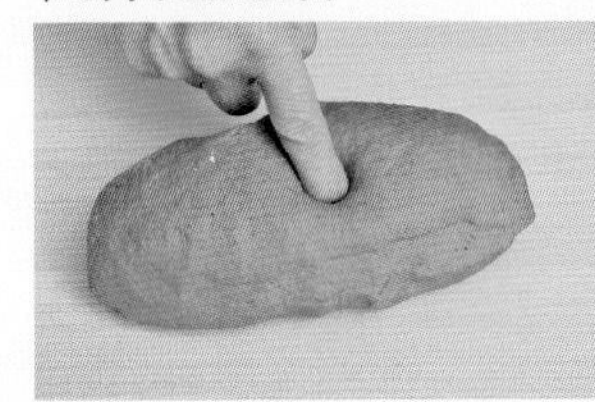

7 每個麵團鬆弛至以手按下去不會彈起的狀態。

★鬆弛成上圖的狀態。

8 將麵團搓揉成長條狀，扭成一小塊一小塊的麵疙瘩。

9 將一塊塊麵疙瘩撒些許樹薯澱粉，可以避免沾黏。

10 陸續再做好黑色、白色麵疙瘩。

煮麵疙瘩

11 備一鍋滾水（水要多），放入麵疙瘩煮熟（咬下去中間顏色較白、有小氣孔）。

12 撈出瀝乾水分。

13 麵疙瘩放入冰飲用水中冷卻，再撈出瀝乾水分。

14 拌入些許沙拉油。

延伸烹調 三鮮麵疙瘩

製作流程

烹調三鮮湯

1 豬肉洗淨切片，用少許醬油、沙拉油醃至入味。

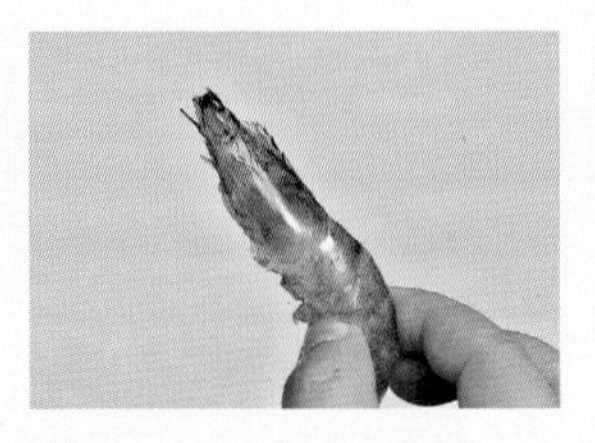

2 草蝦挑除腸泥，剪掉鬚腳。

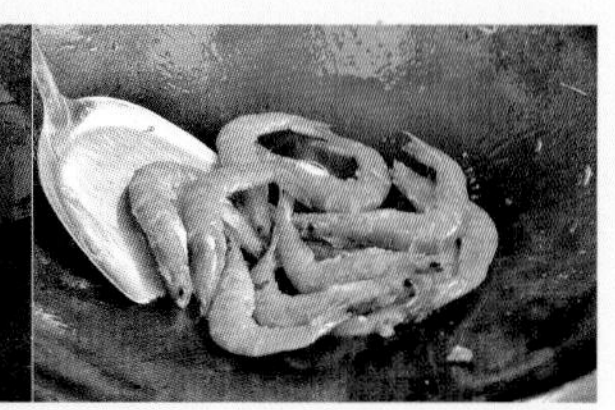

3 先將紅蔥頭片炸成油蔥酥，取出。鍋燒熱，倒入適量油，放入豬肉片、草蝦過油，盛出。

★鍋子不用洗，可以利用餘油炒其他配料。

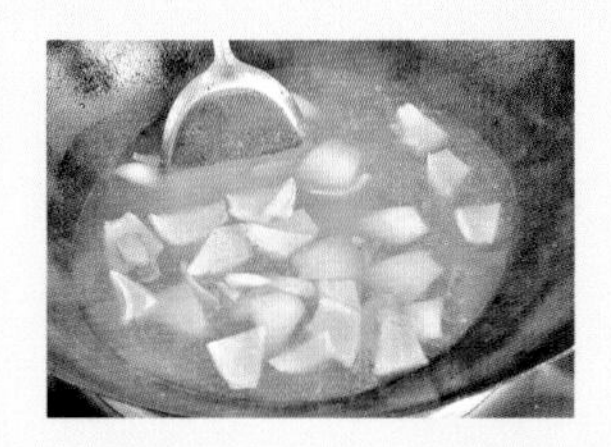

4 原鍋加入洋蔥片、油蔥酥、薑片和蒜片炒香，加入水煮滾。

★油蔥酥的做法可參照P.53。

5 加入蛤蜊後調味，最後加入豬肉片、草蝦煮滾。

組合

6 煮熟的麵疙瘩裝入碗中，淋入三鮮湯，撒上蔥花即可享用。

小祕訣

除了黑色麵疙瘩、紅色麵疙瘩之外，也可以使用黃梔子粉做黃色麵疙瘩；綠茶粉做綠色麵疙瘩，不僅同樣美味，而且視覺更多變化。

蔬菜麵

延伸烹調 **酸辣蔬菜麵**

（做法見 P.65）

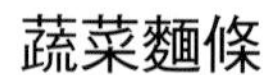

蔬菜麵條

成品：麵條 730 公克

原料	%	公克
●麵條		
粉心麵粉	100	500
青江菜葉	25	125
水	20	100
鹽	1	5
合計	146	730
●冷卻麵條		
冰飲用水		適量
●拌油		
沙拉油	10	60

酸辣蔬菜麵

原料	%	公克 / 數量
●酸辣湯配料		
瘦豬肉絲		150
醬油		3
沙拉油		15
水或高湯		2400
筍絲		150
黑木耳絲		100
紅蘿蔔絲		100
鴨血		1 /2 塊
盒裝豆腐		1 塊
雞蛋		2 個
蔥花		2 支
太白粉		50
水		150
●調味料		
糖		30
鹽		20
味精		10
醬油		15
白胡椒粉		3
烏醋		30
白醋		30
辣油		適量
香油		適量

＊烹調部分的食材不標示百分比（%）

製作流程

製作麵條

1 先將青江菜葉、水和鹽倒入果汁機中，打成青江菜汁。

★一般會使用青江菜葉，麵條顏色比較明亮，梗亦可使用，但顏色較淺。

2 參照 P.16「手工揉麵團」的做法，將所有材料攪拌至鬆散小麵片狀（絮狀）。

3 放入塑膠袋，壓扁，等一下比較容易壓平。鬆弛 30 分鐘以上。

4 參照 P.18「手搖壓麵機壓麵皮」的做法，將麵皮延壓成麵帶。

5 用麵條機將麵帶切成細麵條，麵條扯斷。

煮麵條

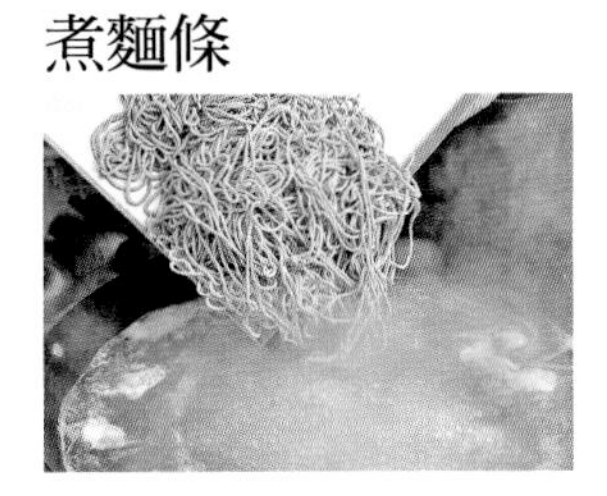

6 備一鍋滾水（水要多），放入麵條煮熟。

7 撈出瀝乾水分。

8 放入冰飲用水中冷卻，再撈出瀝乾水分。

9 拌入些許沙拉油。

酸辣蔬菜麵

製作流程

烹調酸辣湯配料

1 備妥紅蘿蔔絲、筍絲、黑木耳絲；鴨血和豆腐切絲。

★為了口感及烹調時間，所有絲料必須切得差不多粗細。

2 豬肉絲用少許醬油、糖醃至入味。

3 醃好的豬肉絲過油，盛出。

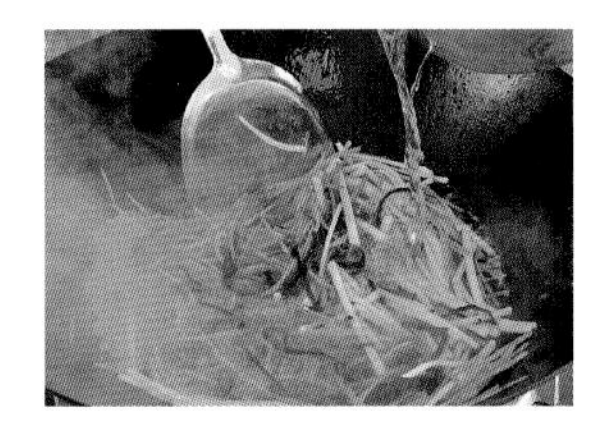

4 原鍋加入紅蘿蔔絲、筍絲、黑木耳絲略炒，倒入高湯煮滾。
★熬製高湯可參照 P.53。

5 先加入糖、鹽、味精、白胡椒粉等乾的調味料。

6 再加入豬肉絲。

7 倒入太白粉水勾芡。
★太白粉水的比例是粉 1：水 3。

8 煮滾後倒入蛋液，加入醬油、烏醋、白醋和辣油、香油。

組合

9 蔬菜麵燙過熱水，裝入碗中，淋入酸辣湯，撒上蔥花即可享用。

> **小祕訣**
>
> 建議製作流程 7. 要倒入太白粉水勾芡時，先熄火，然後慢慢倒入，同時要迅速攪拌均勻，以免結塊。接著開火煮滾，再次熄火準備倒入蛋液。這時宜小量，並在湯上面移動繞圈倒入，就能煮出漂亮的蛋花。

刀切拉麵

延伸烹調　海鮮鍋燒麵

（做法見 P.69）

刀切拉麵

成品：麵條 999 公克

原料	%	公克
●麵條		
粉心麵粉	100	600
樹薯澱粉	10	60
冷水	19	114
沸水	37	222
鹽	0.5	3
合計	166.5	999
●拌油		
沙拉油	10	60

海鮮鍋燒麵

原料	%	公克 / 數量
●麵湯配料		
熟拉麵條		200
白蝦		2 隻
墨魚		2 片
蛤蜊		2 粒
鯛魚片		2 片
紅椒片		適量
黃椒片		適量
蔥段		1 支
薑絲		2 片
沙拉油		1 大匙
高湯		400
青江菜		1 棵
●調味料		
醬油		1 小匙
鹽		1/2 小匙
味精		1/4 小匙
糖		1/4 小匙
酒		1 小匙
胡椒粉		少許

*烹調部分的食材不標示百分比（%）

製作流程

製作麵條

1 將樹薯澱粉倒入攪拌盆中，加入冷水，以打蛋器拌勻。

2 沖入沸水拌勻，等待冷卻，變成半透明狀（糊化）。

★上圖為糊化完成的狀態。

3 加入麵粉、鹽攪拌成麵團，放入塑膠袋，壓扁，等一下比較容易壓平。鬆弛 30 分鐘以上。

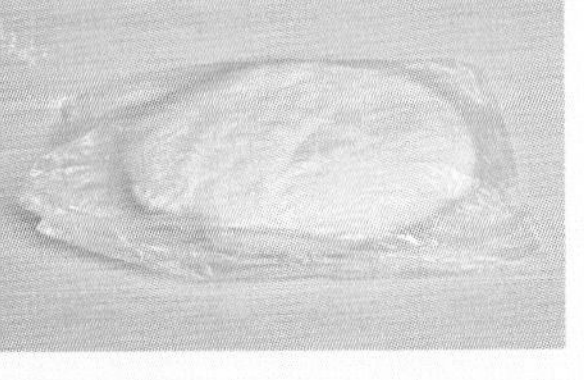

★如果使用電動壓麵機壓麵皮，這裡鬆弛 15 分鐘。

4 擀開成大片麵皮。

★可撒太白粉防止沾黏，這裡不能撒麵粉，以免麵粉吸取麵皮內的水分，使麵皮變得乾硬。

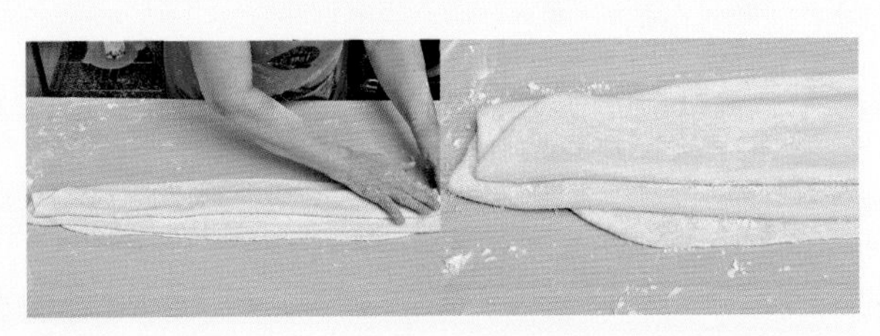

5 提起麵皮來回摺疊成 3 ～ 6 層的扇形。

★麵皮上可以撒些太白粉避免沾黏，更容易切成麵條。

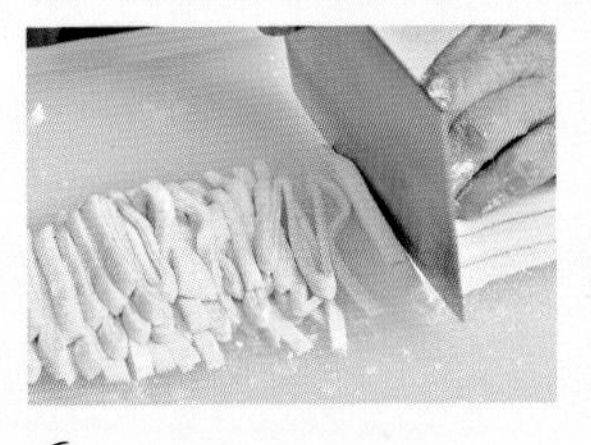

6 以間距寬 0.5 ～ 0.8 公分，切成麵條。

7 將麵條弄鬆，加入些許太白粉，防止沾黏。

煮麵條

8 麵條放在漏勺中，抖掉多餘的粉。

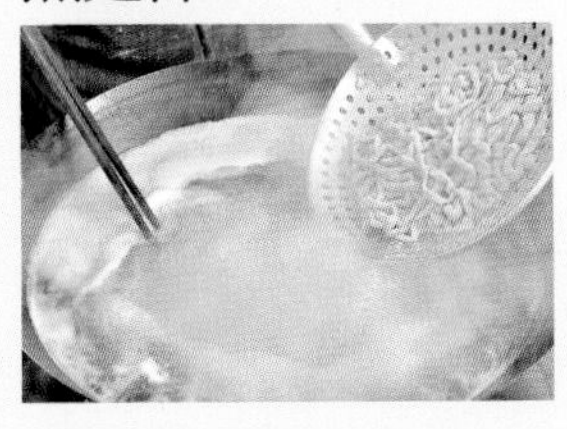

9 備一鍋滾水（水要多），放入麵條煮熟。

10 撈出瀝乾水分。

11 拌入些許沙拉油。

海鮮鍋燒麵

製作流程

烹調麵湯配料

1 鍋燒熱，倒入適量沙拉油，放入蔥段、薑絲爆香。

2 加入高湯煮滾，放入蛤蜊。

3 依序加入白蝦、墨魚（切花刀）、鯛魚片、紅椒片和黃椒片煮熟。

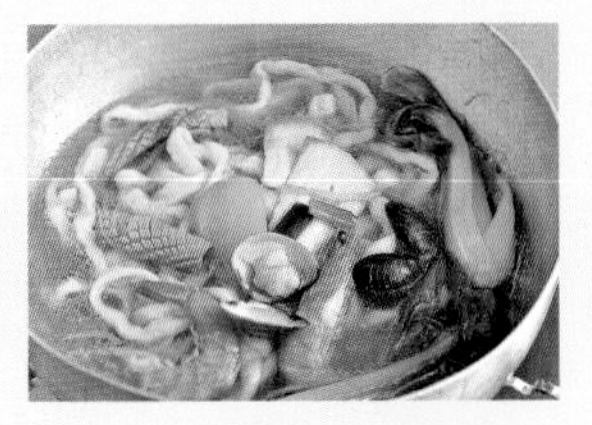

4 加入調味料，然後加入熟拉麵條、青江菜煮滾。

5 盛入湯碗中即可趁熱享用。

小祕訣

1. 熬製豬大骨高湯可參照 P.53。
2. 除了使用豬大骨高湯製作湯頭，也可以利用少量油，放入蝦子，等炒出蝦子甲殼素的香氣，再撈出蝦子。原鍋爆香，加入水煮滾，就成了美味的蝦高湯。

河撈麵

延伸烹調　紅燒牛肉河撈麵

（做法見 P.72）

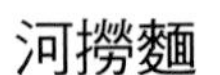

河撈麵

成品：麵條 624 公克

原料	%	公克
●河撈麵條		
粉心麵粉	100	400
水	55	220
鹽	1	4
沙拉油		適量
合計	156	624
●拌油		
沙拉油	10	60

紅燒牛肉河撈麵

原料	%	公克 / 數量
●配料		
牛腩肉塊		400
蔥段		2 支
薑片		4 片
蒜碎		4 瓣
紅辣椒段		1 條
番茄塊		1 個
洋蔥片		1/2 個
沙拉油		少許
米酒		20
八角		2 粒
滷包		1 個
高湯		2000
青江菜		2 棵
●調味料		
冰糖		16
鹽		4
味精		2
醬油		30
豆瓣醬		20

＊烹調部分的食材不標示百分比（%）

製作流程

製作麵條

1 參照 P.16「手工揉麵團」的做法，將所有材料攪拌至鬆散小麵片狀（絮狀）。

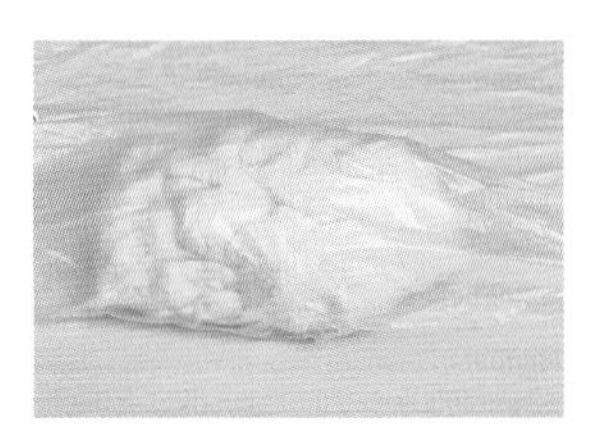

2 揉成團，包上保鮮膜或塑膠袋，鬆弛 10～15 分鐘。

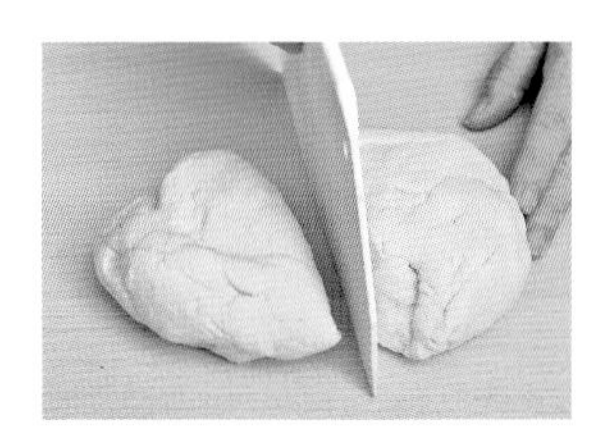

3 用刮刀將麵團分割成 2 等分。

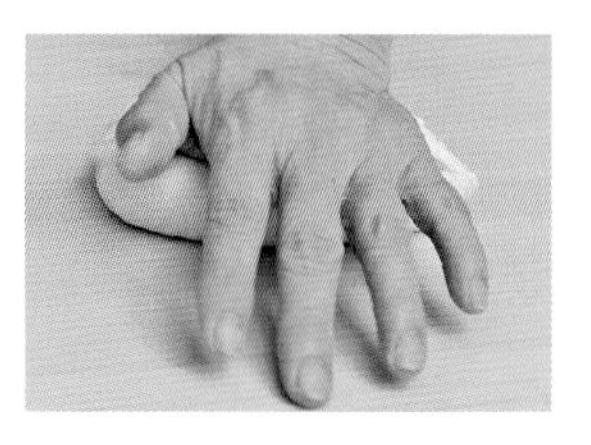

4 麵團要滾圓，先將麵團壓扁。

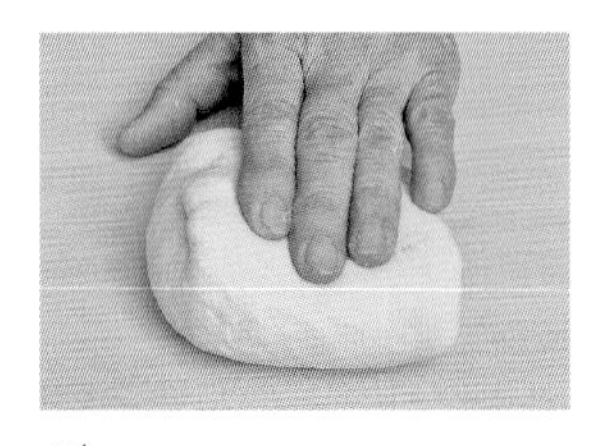

5 每一邊的麵團往中間摺，壓一下。

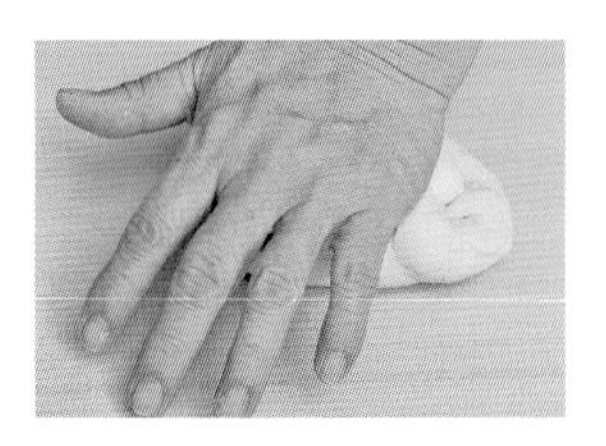

6 再摺壓。

7 用手掌側邊將麵團往中間收口。

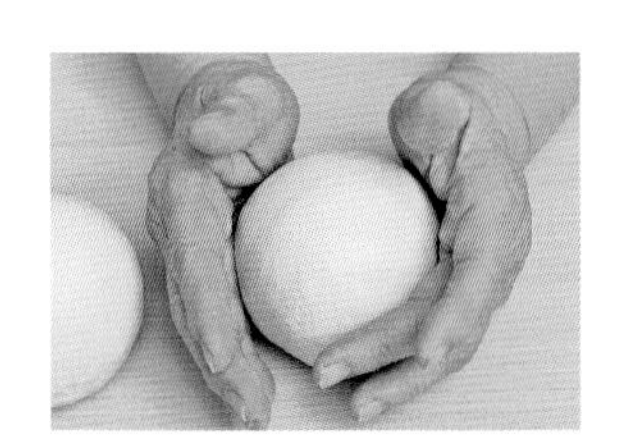

8 把中間捏緊，然後滾圓。

9 蓋上塑膠袋，鬆弛約 5 分鐘。

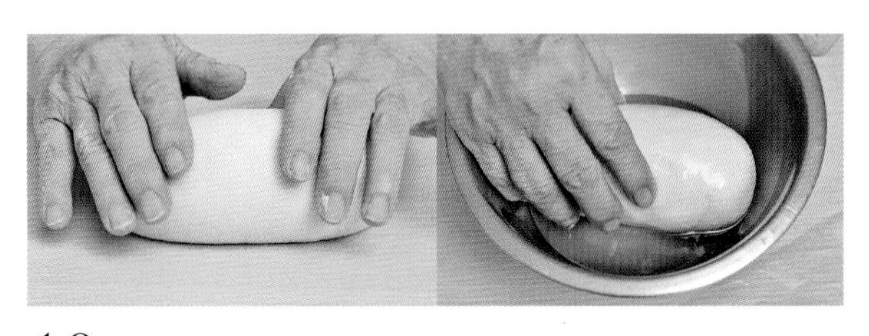

10 將每個麵團搓揉成長條橢圓狀，放入沙拉油中沾勻。

★抹上沙拉油可以隔絕空氣、保持濕度，避免麵團表面結皮。

11 蓋上塑膠袋，鬆弛 60 分鐘以上。

煮麵條

12 將麵團塞入河撈機的麵桶中，手搖壓麵桿，將麵條擠入滾水鍋中。

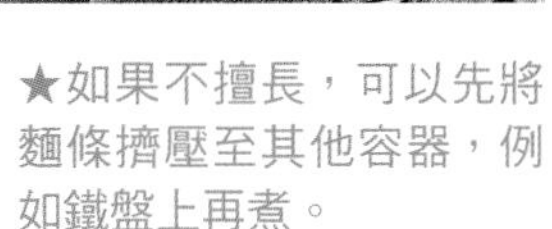

★如果不擅長，可以先將麵條擠壓至其他容器，例如鐵盤上再煮。

13 撈出瀝乾水分。

14 拌入些許沙拉油。

小祕訣

河撈機
搭配煮鍋使用，可選用不同孔徑、形狀的壓麵模具，製作出不同粗細和形狀的麵條。

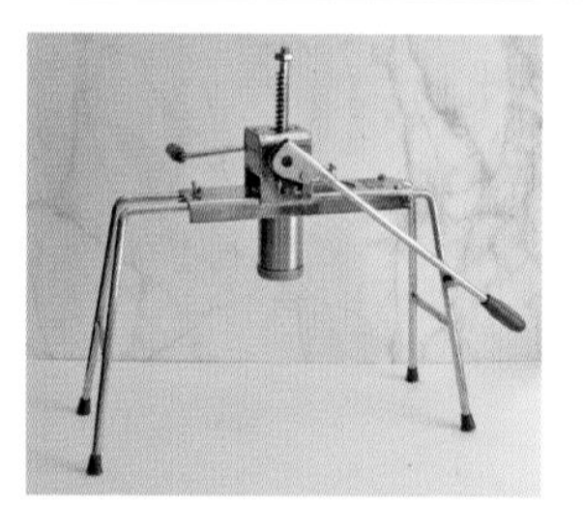

延伸烹調

紅燒牛肉河撈麵

製作流程

烹調配料

1 備妥蔥段、薑片、蒜碎、紅辣椒段、番茄塊、洋蔥片和牛腩肉塊。

★這裡使用帶有筋、肉的牛腩肉，適合燉湯和紅燒。

2 鍋燒熱，倒入適量油，放入洋蔥片、蔥段、薑片、蒜碎和紅辣椒段爆香。

3 加入牛腩肉塊炒至顏色反白。

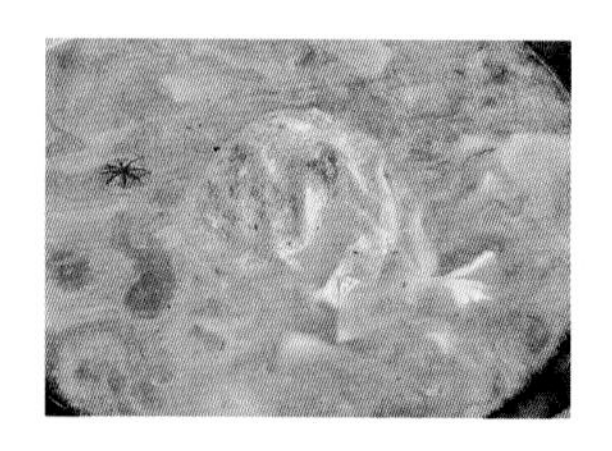

4 倒入番茄塊炒軟，加入高湯、米酒、八角和滷包，加蓋燜煮約 60 分鐘。

5 加入調味料，繼續煮約 30 分鐘至入味。

6 青江菜汆燙，撈出瀝乾水分。

組合

7 將河撈麵放入湯碗中，舀入湯、肉和其他料，放上青江菜，撒上蔥白即可享用。

珍珠餛飩皮

延伸烹調 珍珠餛飩湯

（做法見 P.75）

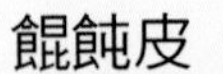

餛飩皮

成品：餛飩皮 150 張

原料	%	公克
●餛飩皮		
粉心麵粉	100	450
冷水	20	90
雞蛋	20	90
合計	140	630

珍珠餛飩湯

內餡：每個 4 ～ 5 公克

原料	%	公克 / 數量
●內餡		
細絞肉	100	600
鹽	1	6
糖		適量
醬油	2	12
水	10	60
味精	0.5	3
白胡椒粉	0.3	1.8
蔥花	5	30
薑末	1	6
油蔥酥末	4	24
香油	2	12
合計	125.8	755
●湯頭調味及配料		
高湯		適量
鹽		適量
味精		適量
醬油		適量
榨菜絲		適量
小白菜		適量
蔥花		適量
芹菜末		適量
香油		適量
白胡椒粉		適量

＊烹調部分的食材不標示百分比（%）

製作流程

製作餛飩皮

1 將冷水、雞蛋拌勻。

2 麵粉倒入攪拌盆中，加入蛋水，攪拌至無粉氣的絮狀。

3 放入塑膠袋內，壓扁，鬆弛 30 分鐘以上。

4 參照 P.18「電動壓麵機壓麵皮」的做法，開始壓麵皮，過程中表面可撒些許粉。

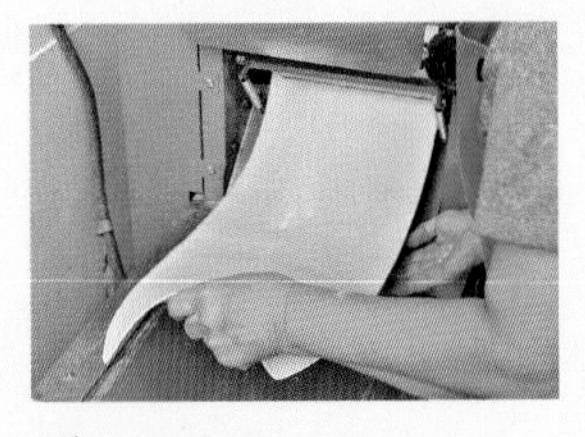

5 反覆延壓至大約 0.1 公分厚的麵皮。

6 先修整麵皮的邊緣。

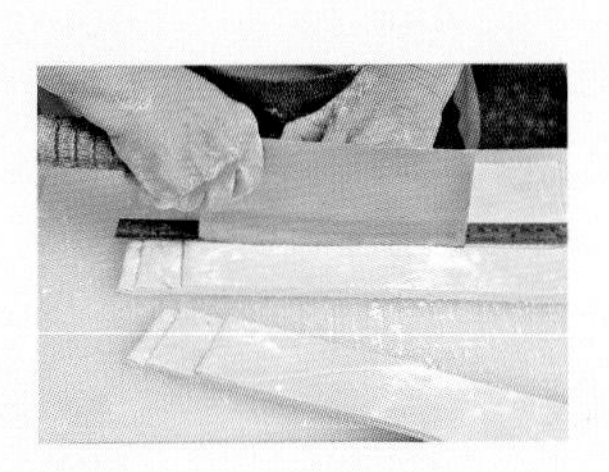

7 麵皮橫切成 5 公分。

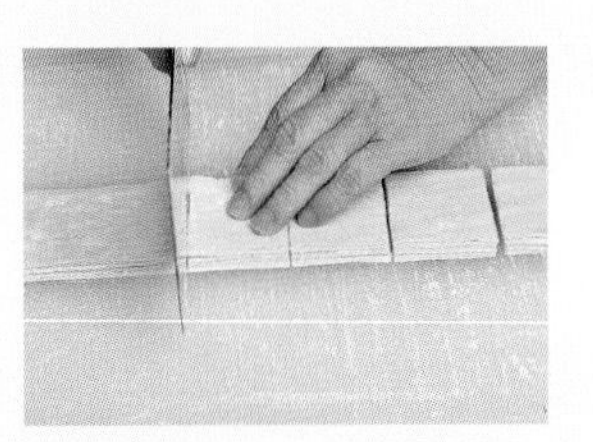

8 麵皮直切成 5 公分，完成每片 5×5 公分的正方形麵皮。

珍珠餛飩湯

製作流程

製作內餡

1 細絞肉倒入攪拌盆，加入鹽、醬油，攪拌至有彈性。

2 水分 3 次加入，每次加入水拌至融合，再加入水拌勻。

★攪拌至把攪拌盆立起，絞肉貼住盆壁，不會掉下來的黏稠度。

3 加入其他調味料、薑末、油蔥酥末和香油拌勻。包上保鮮膜，冷藏備用。

包一般造型餛飩

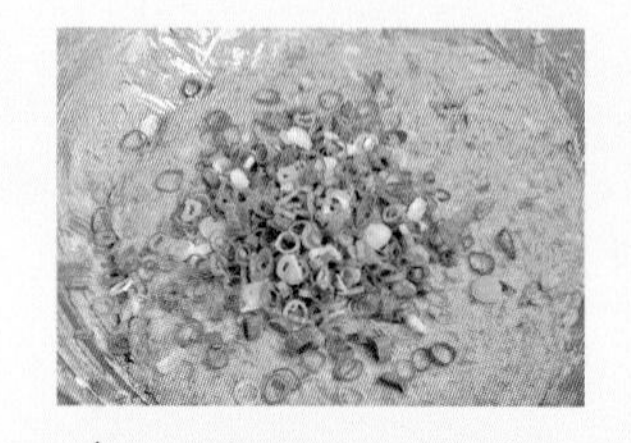

4 包餛飩時，取出肉餡，加入蔥花拌勻。

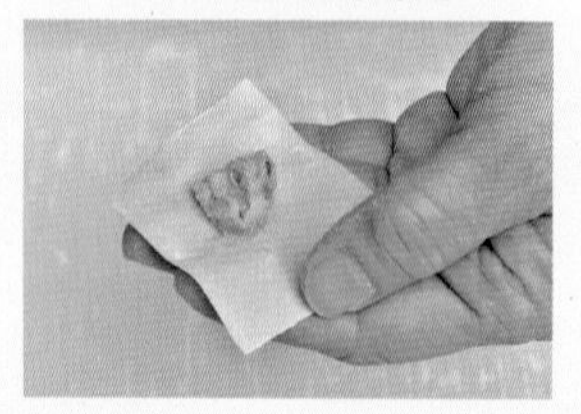

5 左手拿餛飩皮，右手持包餡匙，挖些內餡抹在中間。

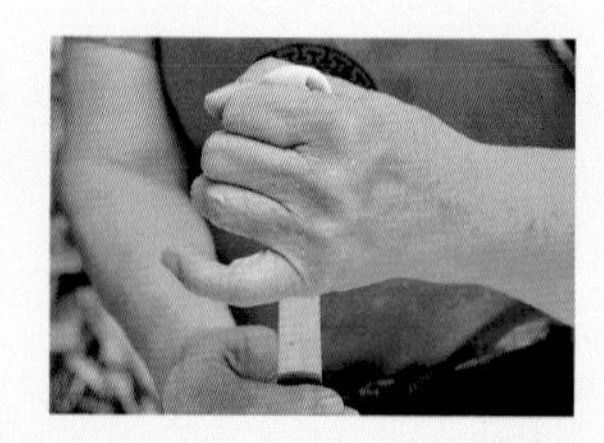

6 右手用包餡匙頂著內餡，左手虎口捏緊餛飩。

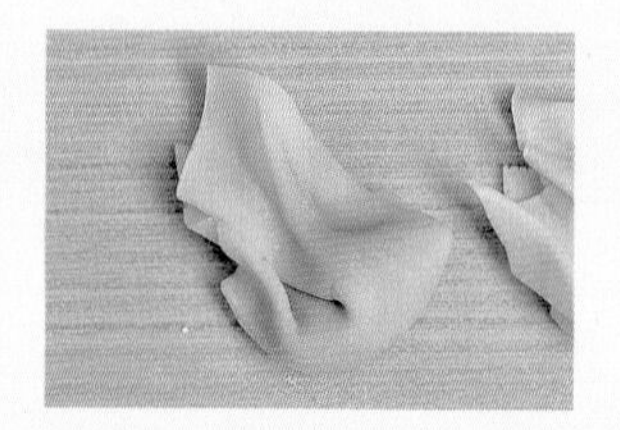

7 拉出包餡匙，稍微整型即可。

包帽子造型餛飩

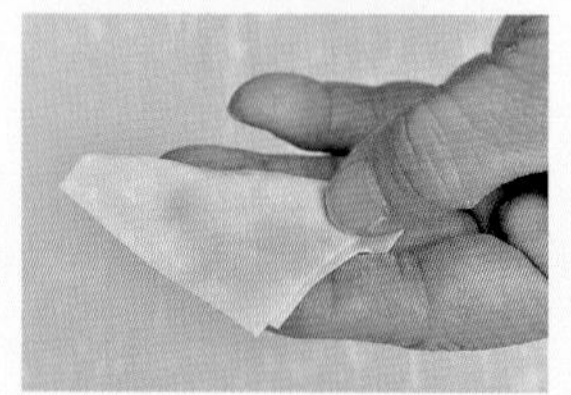

8 內餡抹在中間，先對摺成三角形。

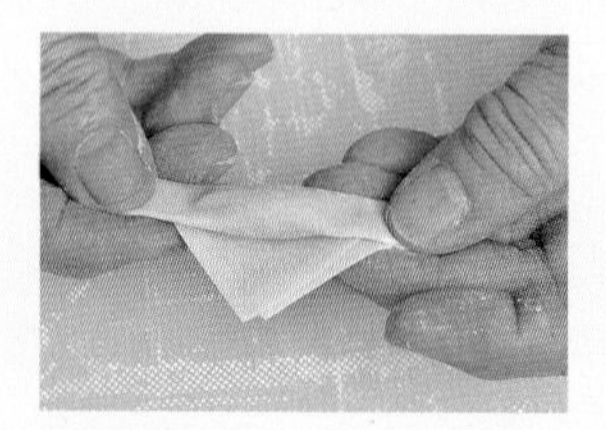

9 再摺一次。

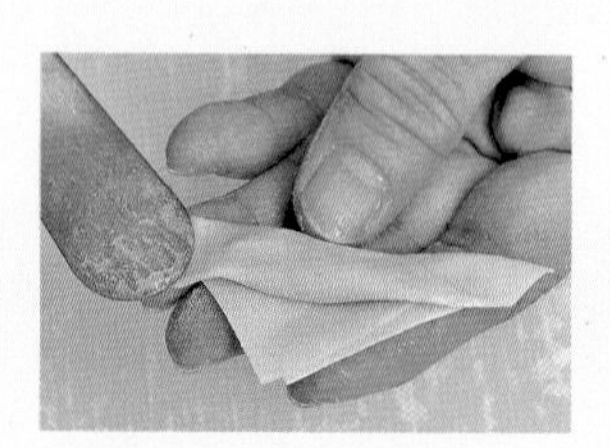

10 餛飩皮邊緣抹水。

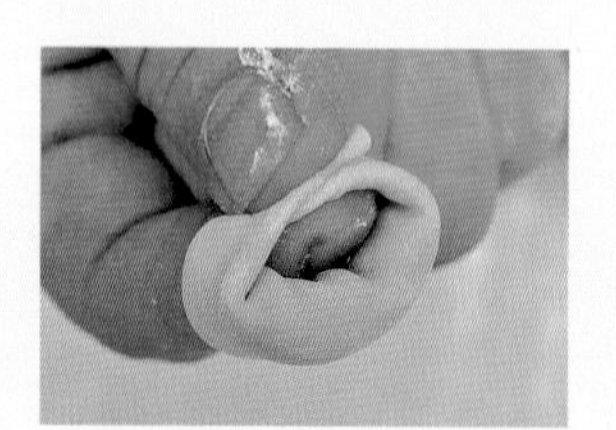

11 將兩邊黏起。

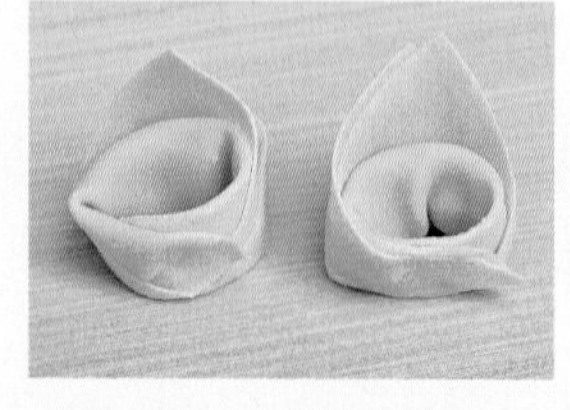

12 稍微整型即可。

包戒指造型餛飩

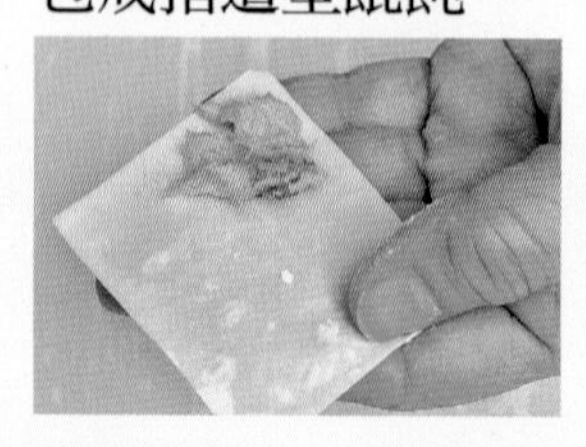

13 餡抹在餛飩皮邊緣。

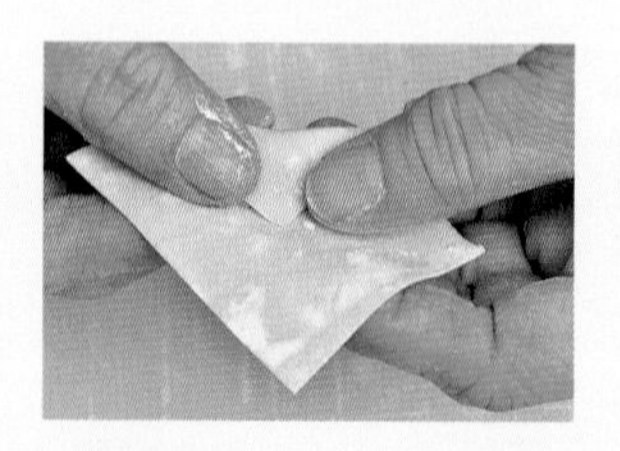

14 往前捲起，捲到剩一點麵皮。

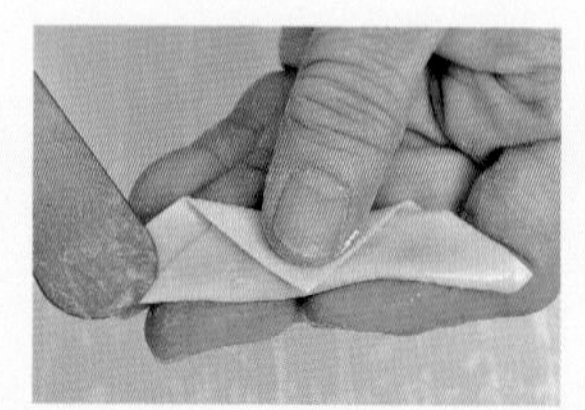

15 餛飩兩邊抹水。

16 將兩邊黏起。

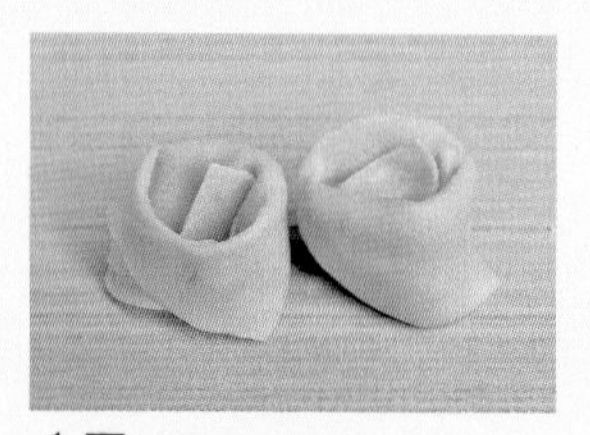

17 稍微整型即可。

煮湯頭和餛飩

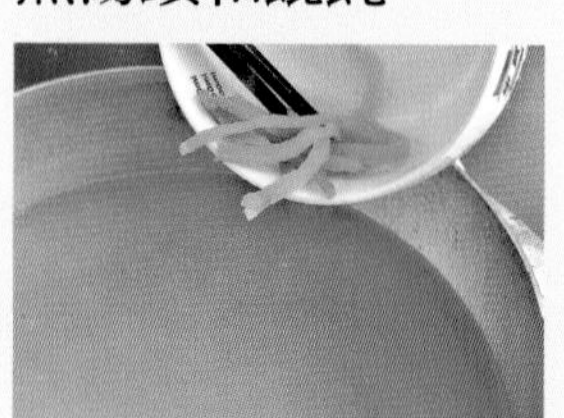

18 高湯倒入鍋中，加入榨菜絲煮滾，再加入調味料，加入小白菜、蔥花和芹菜末。

19 備一鍋滾水，放入餛飩煮熟，撈出放入湯碗中，加入湯頭和配料即可享用。

大餛飩皮

延伸烹調 菜肉大餛飩

（做法見 P.81）

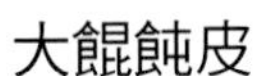

大餛飩皮

成品：餛飩皮 30 張

原料	%	公克
●餛飩皮		
粉心麵粉	100	250
冷水	30	75
蛋白	10	25
合計	140	350

菜肉大餛飩

內餡：每個約 16 公克

原料	%	公克 / 數量
●內餡		
細絞肉	100	200
鹽	1	2
糖		適量
醬油	2	4
高湯或水	20	40
高鮮味精	0.3	0.6
香麻油	5	10
薑末	5	10
蔥花	10	20
脱水青江菜	70	140
蝦仁	50	100
胡椒粉	0.3	0.6
合計	263.6	527
●煮湯配料		
蛋皮絲		1 個
紫菜絲		1/2 片
蔥花		5
高湯或水		1000
鹽		適量
味精		適量
胡椒粉		適量
香油		適量

＊烹調部分的食材不標示百分比（%）

製作流程

製作餛飩皮

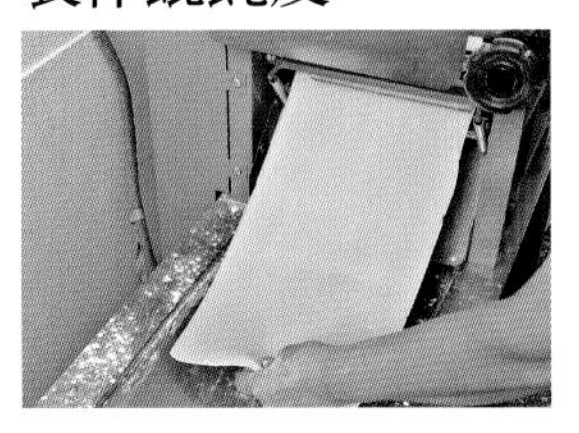

1 參照 P.75 的製作流程 1.～5.，反覆延壓至大約0.1公分厚的麵皮。

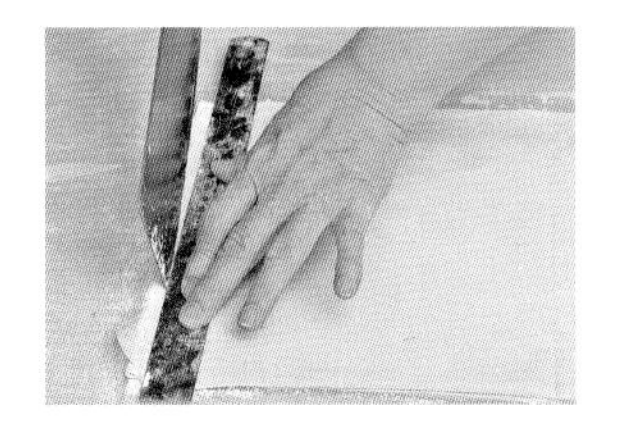

2 先修整麵皮的邊緣。

3 將麵皮分割對半。

4 將麵皮橫切成 10 公分，直切成 10 公分。

5 完成每片 10×10 公分的正方形麵皮。

小祕訣

壓好的餛飩皮在摺疊時，每一層中間要撒一些樹薯澱粉防止沾黏，以便切割時才不會黏住，打不開。

菜肉大餛飩

製作流程

製作內餡

1 備一鍋滾水，放入青江菜汆燙，撈出過冷水冷卻，瀝乾後切碎，擠掉水分，備用。

2 蝦仁洗淨去腸泥，吸乾水分，用少許米酒、太白粉醃至入味，切成丁，備用。

3 細絞肉倒入攪拌盆，加入鹽、醬油，攪拌至有彈性。

4 水分 3 次加入，每次加入水拌至融合，再加入水拌勻。
★攪拌至把攪拌盆立起，絞肉貼住盆壁，不會掉下來的黏稠度。

5 加入其他調味料、香麻油和薑末拌勻。包上保鮮膜，冷藏備用。

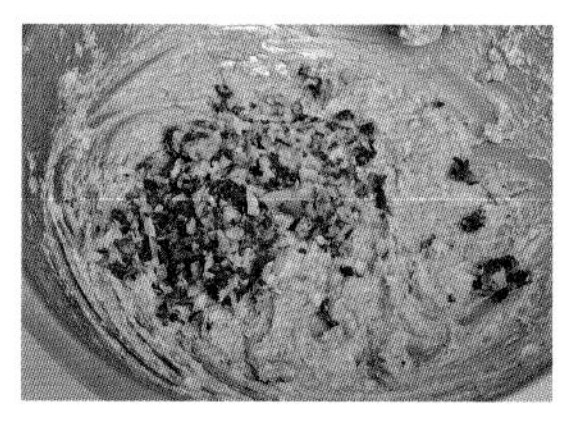

6 將調味好的細絞肉、蝦仁丁、脫水青江菜和蔥花拌勻，冷藏備用。

包餛飩

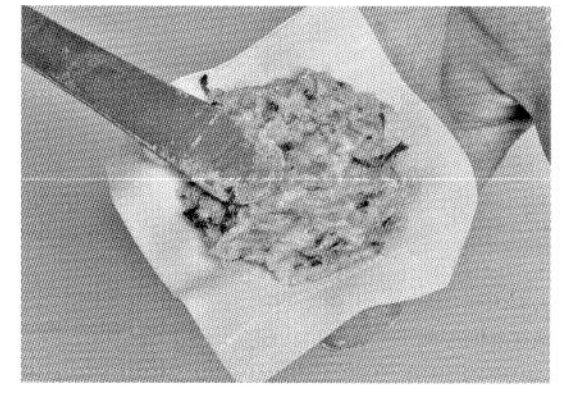

7 取一張餛飩皮，持包餡匙，挖些內餡抹在中間。

★大餛飩包法可用手機掃描 QR CODE 觀看。

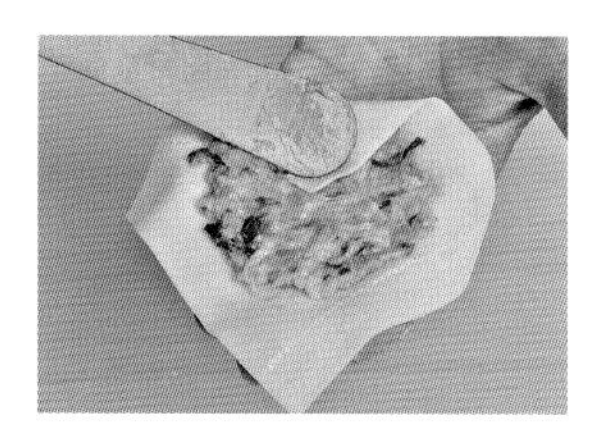

8 將餛飩皮四個角，先摺一個角。

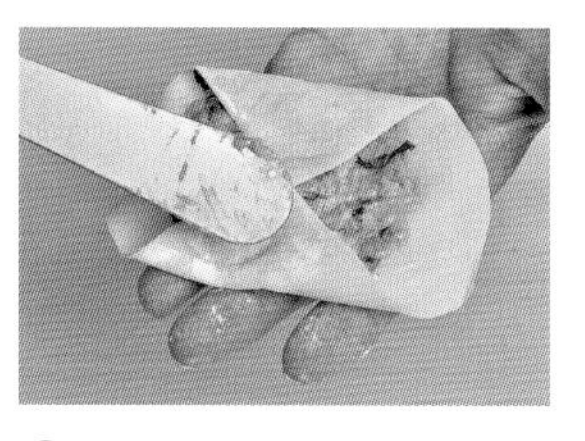

9 其他三個角分別往中心摺。

10 用包餡匙把中間餛飩皮壓一下。

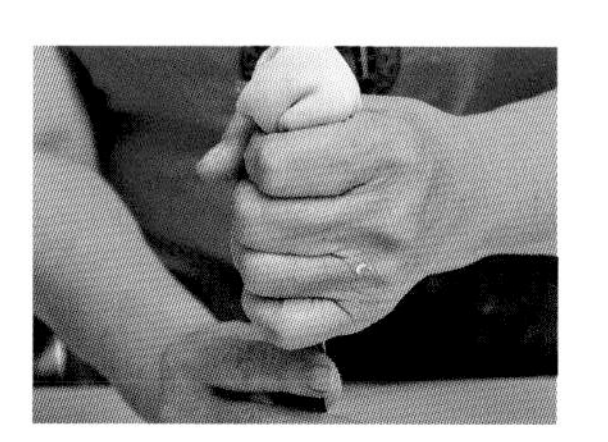

11 右手用包餡匙頂著內餡，左手虎口捏緊餛飩。

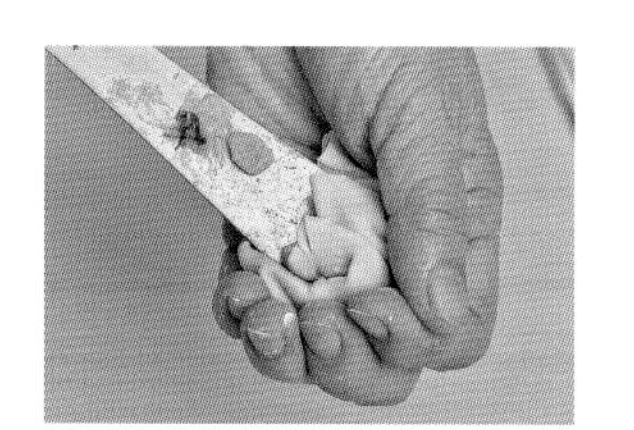

12 拉出包餡匙。

13 整成中空的圓形狀餛飩。

煮餛飩和湯頭

14 備一鍋滾水，放入餛飩煮熟，撈出放入湯碗中。

15 高湯煮滾後調味，淋入餛飩湯碗中，撒上蛋皮絲、紫菜絲，滴幾滴香油，撒胡椒粉即可。

手擀水餃皮

延伸烹調 高麗菜水餃

（做法見 P.85）

手擀水餃皮

成品：水餃皮 20 張，每張約 10 公克

原料	%	公克
●水餃皮		
粉心麵粉	100	140
冷水	50	70
細鹽	1	1.4
合計	151	211.4

高麗菜水餃

成品：20 個水餃
內餡：每個約 15 公克

原料	%	公克
●內餡		
豬絞肉（瘦7：肥3）	100	140
醬油	4	5.6
鹽	1	1.4
味精	1	1.4
高湯或水	5	7
薑末	3	4.2
蔥花	20	28
麻油	5	7
脫水高麗菜	80	112
合計	219	307

＊烹調部分的食材不標示百分比（%）

製作流程

製作水餃皮

1 參照 P.16「手工揉麵團」的做法，將所有材料攪拌至鬆散小麵片狀（絮狀），再揉成團。

2 包上保鮮膜或塑膠袋，鬆弛 10～15 分鐘（揉 3 次，鬆弛 3 次麵團）。

3 鬆弛成光滑的麵團後，搓揉成長條麵團，鬆弛 10～15 分鐘。

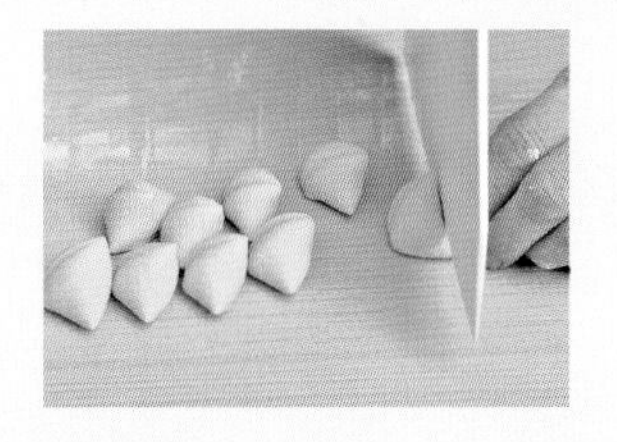

4 分割成每個 10 公克的小麵團。

5 將小麵團切口朝下擺放。

6 以手掌根部（大拇指下方）根部（拇指下方）。

7 鬆弛約 5 分鐘後開始擀。

★視麵皮狀況，可鬆弛5～20 分鐘再開始擀。

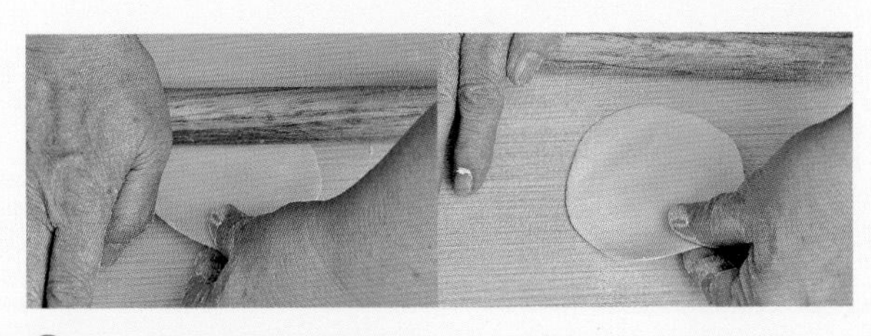

8 左手在 12 點鐘方向拿著麵皮，右手先往上擀，再往下擀，此時左手仍拿著麵皮，轉向 11 點鐘方向。

9 反覆動作，直到擀成中間較厚，邊緣較薄，直徑8公分的圓片。

★擀水餃皮可用手機掃描 QR CODE 觀看。

小祕訣

手工擀水餃皮的動作需要多加練習，雙手的協調性會越來越好，熟能生巧，即可擀出漂亮的圓形麵皮。

高麗菜水餃

製作流程

製作內餡

1 高麗菜洗淨後切碎，撒入少許鹽、糖殺青，再擠掉水分，即成脫水高麗菜，備用。

2 絞肉倒入攪拌盆，加入鹽、醬油，攪拌至有彈性。

★攪拌至把攪拌盆立起，絞肉貼住盆壁，不會掉下來的黏稠度。

3 水分次加入，確實拌匀。加入薑末、味精、麻油拌匀，包上保鮮膜，冷藏備用。

4 包餡時從冰箱取出，加入脫水高麗菜碎、蔥花拌匀。

包元寶造型水餃

5 取水餃皮 1 張，中間包入 15 公克內餡，將皮上下黏合。

★內餡不可包得太滿，此處為 15 公克的量。

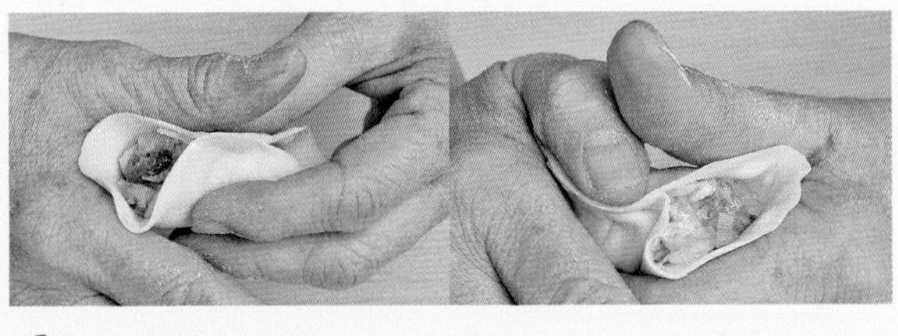

6 一手虎口先將右邊水餃皮架著呈三角形，往上推至收口，再將左邊水餃皮上推至收口。

★右邊水餃皮完成後，用大拇指壓好，使皮確實黏緊。

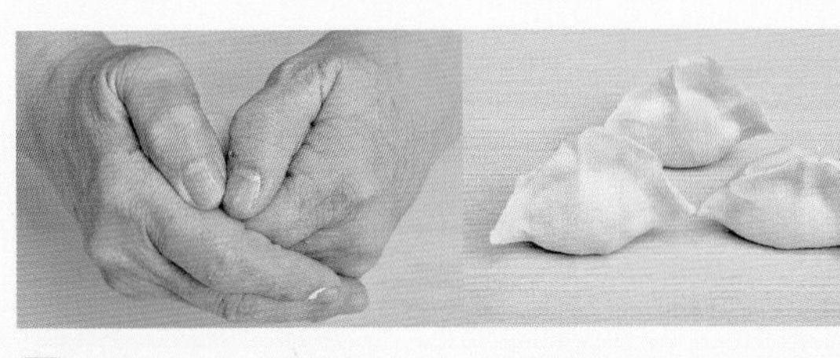

7 雙手放在一起，往下壓，整成可站立的元寶形狀。

★包好後，檢查每個水餃皮確實黏緊，以免煮的時候破掉。

8 備一鍋滾水，放入水餃煮熟。

9 撈出水餃瀝乾，盛盤。

★元寶造型水餃包法可用手機掃描 QR CODE 觀看。

雙色水餃皮

延伸烹調 **翠玉韭菜水餃**

（做法見 P.89）

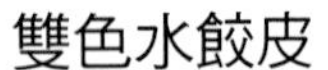

雙色水餃皮

成品：水餃皮 40 張，每張約 10 公克

原料	%	公克
●白色麵團		
粉心麵粉	100	140
冷水	50	70
細鹽	1	1.4
合計	151	211
●綠色麵團		
粉心麵粉	100	140
青江菜	30	42
冷水	24	34
細鹽	1	1.4
合計	155	217

翠玉韭菜水餃

成品：40 個

內餡：每個約 15 公克

原料	%	公克
●內餡		
絞肉	100	300
醬油	3	9
鹽	1	3
糖	1	3
味精	1	3
水	10	30
薑末	3	9
麻油	5	15
韭菜	80	240
合計	204	612

＊烹調部分的食材不標示百分比（%）

製作流程

製作白色麵團

1 參照 P.16「手工揉麵團」的做法，將所有材料攪拌至鬆散小麵片狀（絮狀），再揉成團。

2 包上保鮮膜或塑膠袋，鬆弛 10 分鐘（揉 3 次，鬆弛 3 次麵團）。

3 鬆弛成為光滑的麵團後，搓揉成長條麵團。

製作綠色麵團

4 將青江菜、冷水倒入果汁機中，攪打成青江菜汁。

5 將麵粉、鹽倒入盆中，加入青江菜汁。

6 參照 P.16「手工揉麵團」的做法，將所有材料攪拌至鬆散小麵片狀（絮狀），再揉成團。

7 包上保鮮膜或塑膠袋，鬆弛 10 分鐘（揉 3 次，鬆弛 3 次麵團），使成光滑的麵團。

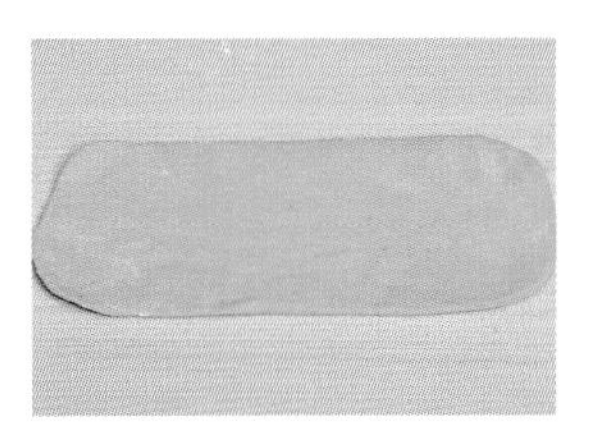

8 將鬆弛成光滑的麵團擀成長方形麵皮。
★麵皮的長度要和做法 3 的長條麵團一樣長。

擀雙色水餃皮

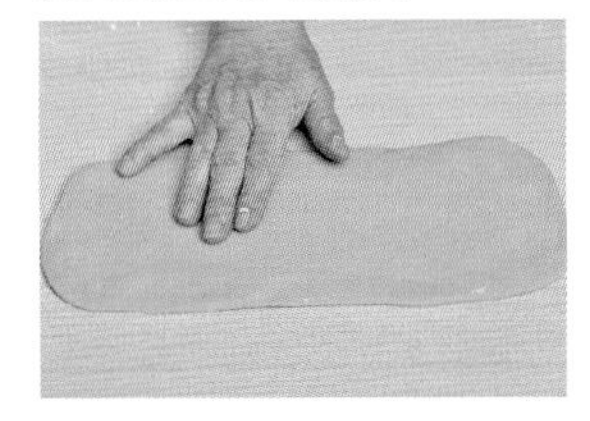

9 綠色長方形麵皮的表面抹些許水。

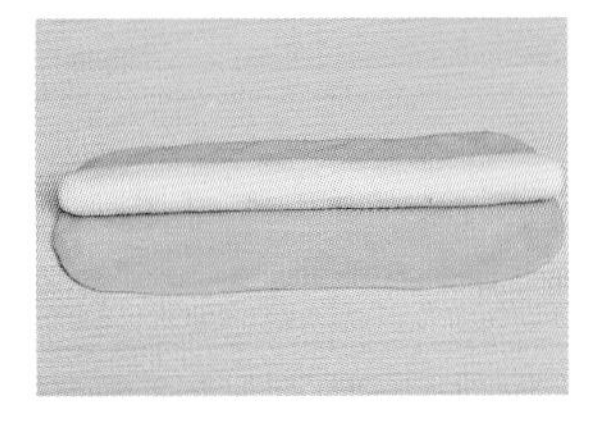

10 將白色長條麵團放在上面，麵團和麵皮的長度需相同。

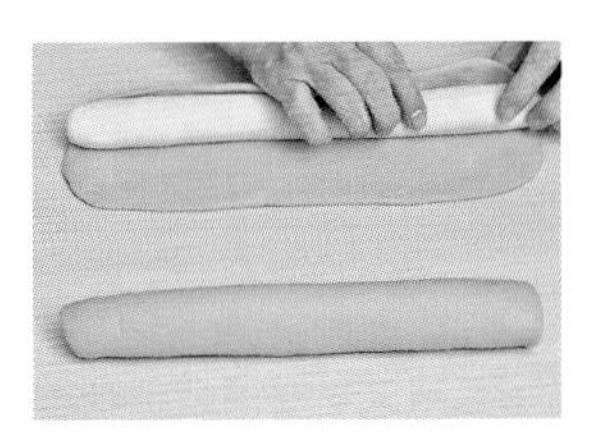

11 捲起成外圍綠色、中間白色的雙色麵團。

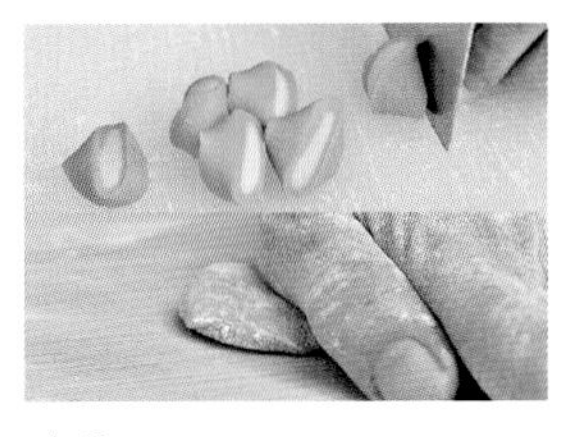

12 分割成每個 10 公克的小麵團，將麵團分別以手掌根部壓扁。

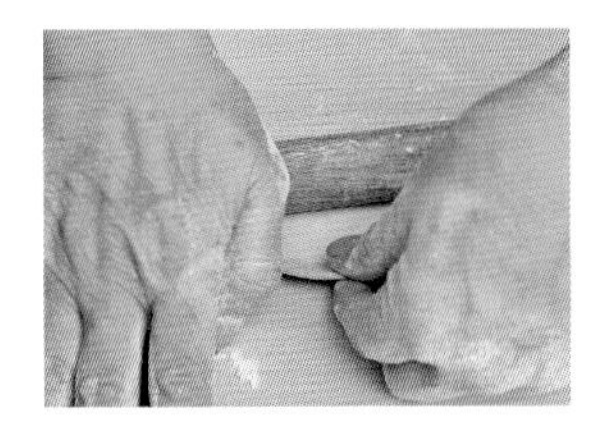

13 麵團壓扁，左手在 12 點鐘方向拿著麵皮，右手先往上，再往下擀。

14 此時左手仍拿著麵皮，轉向 11 點鐘方向。

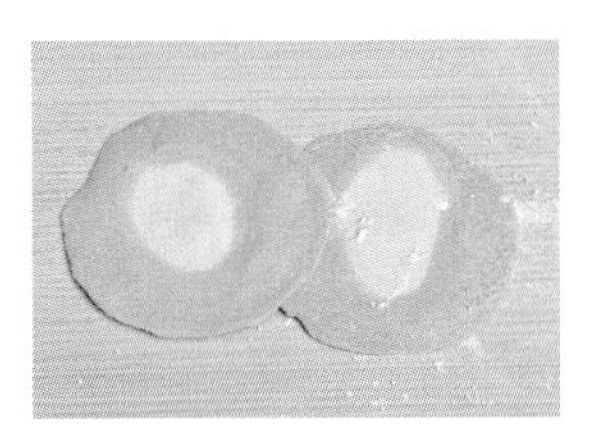

15 反覆動作至擀成中間較厚，邊緣較薄，直徑 8 公分的圓片。

★擀水餃皮可用手機掃描 QR CODE 觀看。

翠玉韭菜水餃

製作流程

製作韭菜內餡

1 韭菜洗淨，切成 0.5 公分小段，備用。

2 絞肉倒入攪拌盆，加入鹽、醬油拌至有彈性（即攪拌盆立起，絞肉貼住盆壁，不會掉下來）。

3 水分次加入拌勻。加入其他調味料、薑末和麻油拌勻，包上保鮮膜，冷藏備用。

4 包餡時從冰箱取出，加入韭菜拌勻。
★要包餡時再加入韭菜，可以避免餡料出水。

製作元寶造型水餃

5 取水餃皮 1 張，中間包入 15 公克內餡，將皮上下黏合。

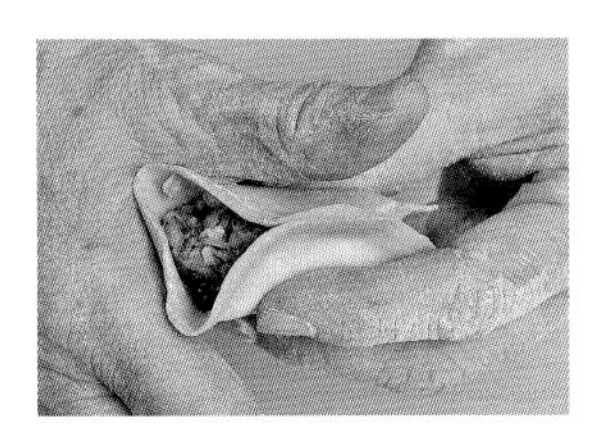

6 一手虎口先將右邊水餃皮架著呈三角形，往上推至收口，再將左邊水餃皮上推至收口。

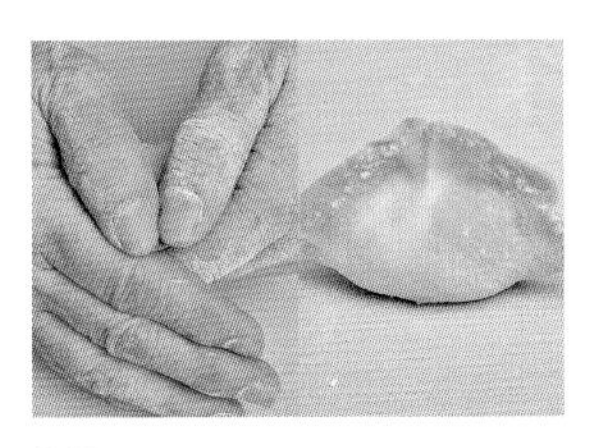

7 雙手放在一起，往下壓，整成可站立的元寶形狀。

8 備一鍋滾水，放入水餃煮熟，撈出瀝乾，盛盤。

製作白菜造型水餃

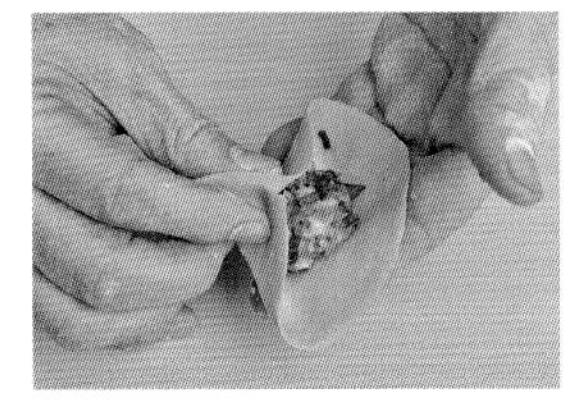

9 取水餃皮 1 張，中間包入 15 公克內餡，用拇指、食指抓好部分水餃皮，往中心推壓，捏緊。

10 依序做出五角星形，五角星中間麵皮確實壓緊。

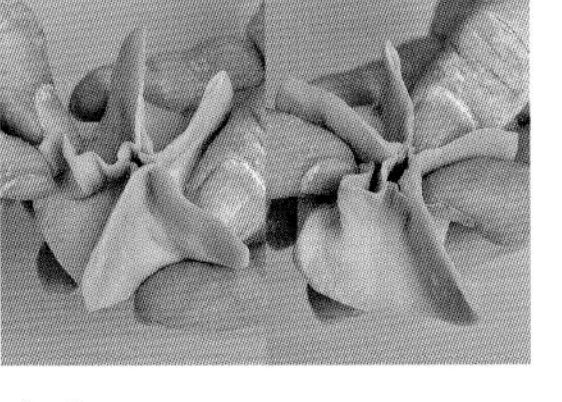
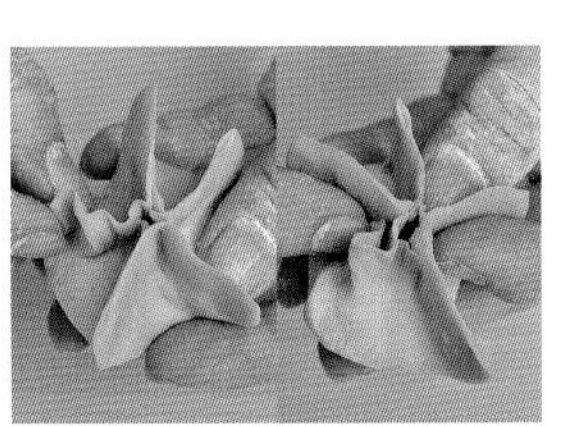

11 將一角星形推壓出皺摺，再摺入鄰邊星形的中間位置。

12 稍微壓緊菜葉頭部位。

13 稍微整成小棵白菜造型。

14 備一鍋滾水，放入水餃煮熟，撈出瀝乾，盛盤。

★元寶造型水餃包法可用手機掃描 QR CODE 觀看。

★白菜造型水餃包法可用手機掃描 QR CODE 觀看。

春捲皮

延伸烹調 **潤餅、炸春捲**

（做法見 P.93、P.95）

春捲皮

成品：春捲皮 40 張

原料	%	公克
高筋麵粉	100	1000
鹽	1.5	15
冰塊水	85	850
合計	186.5	1865

＊烹調部分的食材不標示百分比（%）

鐵板

圓形厚鐵板，大多用來製作春捲皮、潤餅皮、可麗餅皮等圓形餅皮，可以放在瓦斯爐上使用。單耳可手提，非常方便。

小祕訣

自己製作春捲皮，材料單純且沒有添加物，吃得安心。只要多加練習，必定熟能生巧。剩下的麵團，還可以用在製作麵筋。

製作流程

製作春捲皮

1 將麵粉、鹽倒入攪拌盆中，倒入冰塊水。

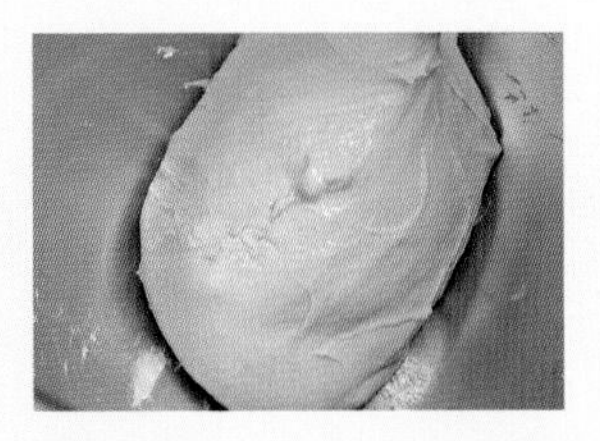

2 先用1檔（低速）攪拌至無粉氣時，改用2檔（中速）拌至光滑出筋。

3 確認麵團雙手拉開有薄膜。

★攪拌的時間長，摩擦會產生熱氣，所以必須加入冰塊水攪打。

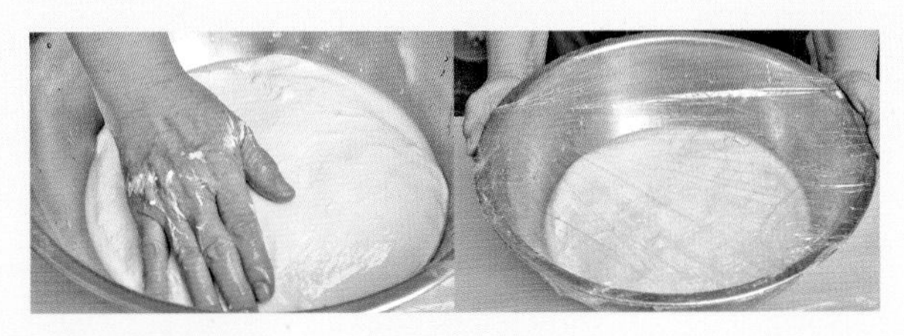

4 麵團拍點水，蓋上保鮮膜，鬆弛1小時以上。

5 專用鐵板加熱，以紙巾沾少許沙拉油，在鐵板邊緣擦上一圈，以利餅皮掀起。

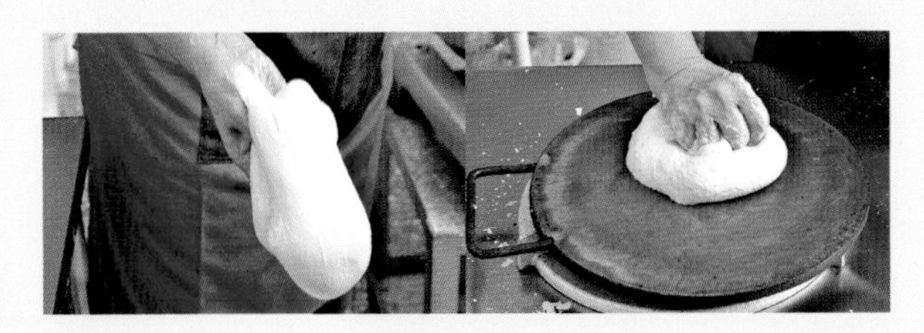

6 手沾濕，拿著整團麵團尾端，放在鐵板中間。

7 左右迅速擦畫一圈（中間隨意），然後拉起麵團。

8 加熱至餅皮邊緣翹起。

9 小心掀起餅皮，不要弄破，疊放在容器中。

延伸烹調 潤餅

製作流程

潤餅

成品：潤餅 20 個

原料	%	公克 / 數量
春捲皮		40 張
●內餡		
蛋皮絲		100
豆乾片		100
酸菜		100
蘿蔔乾碎		100
紅糟肉片		200
香菜段		20
豆芽菜		300
高麗菜絲		300
花生粉		100
細砂糖		100
●調味料		
咖哩粉		適量
胡椒粉		適量
鹽		適量
糖		適量
味精		適量
香油		適量

＊烹調部分的食材不標示百分比（%）

製作內餡

1 備妥蛋皮絲、豆乾片。

2 備妥高麗菜絲、豆芽菜。

3 備妥紅糟肉片、香菜段。

4 花生粉和細砂糖混合均勻。

5 蛋皮絲、豆乾片、酸菜、蘿蔔乾碎炒熟，調味；高麗菜絲、豆芽菜炒咖哩風味。

組合

6 取 2 張春捲皮，交疊鋪在塑膠袋上。

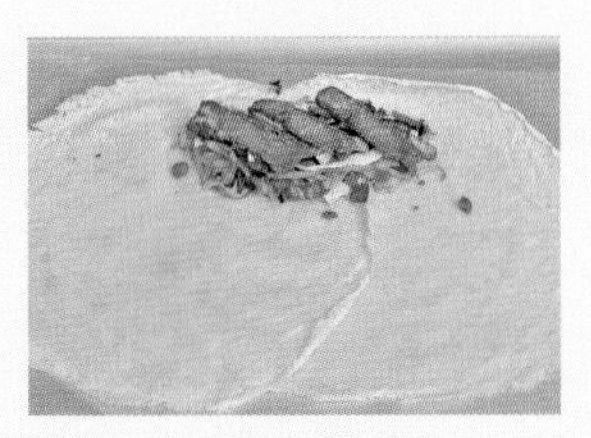

7 春捲皮底部鋪上一些花生粉。

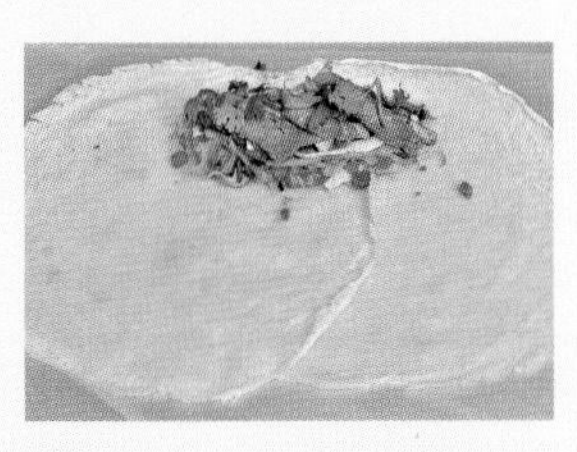

8 依序放上蛋皮絲、豆乾片、酸菜、蘿蔔乾碎、高麗菜絲、豆芽菜、紅糟肉片和香菜段。

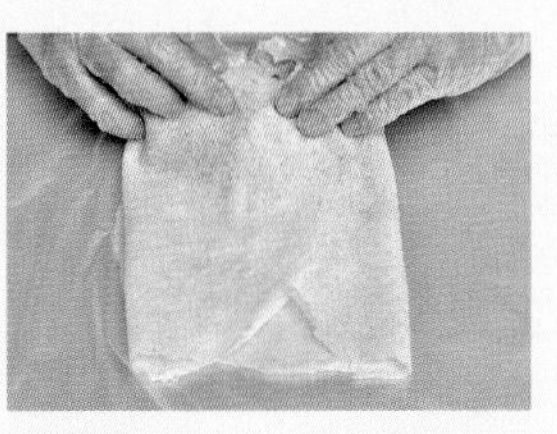

9 將春捲皮左右都往中間摺。

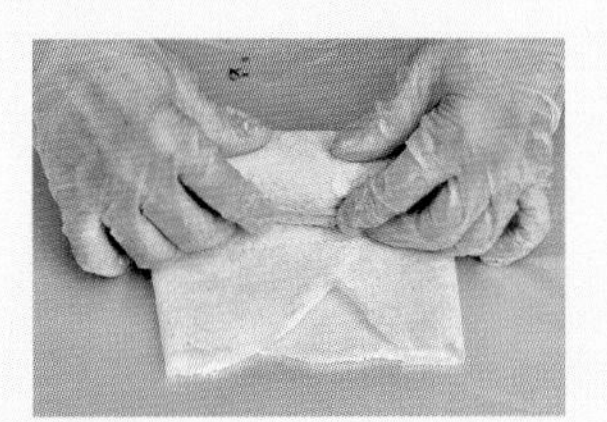

10 下方春捲皮提起往上捲。

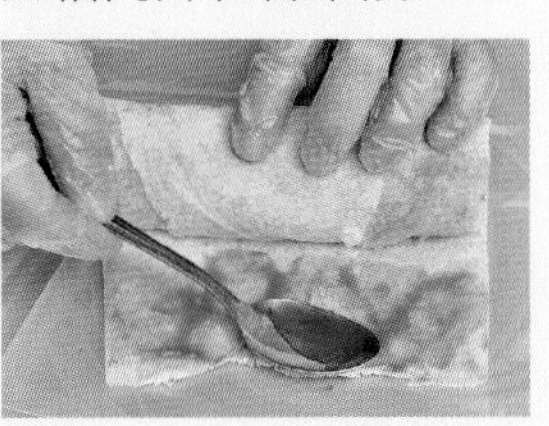

11 春捲皮快捲到底時，餅皮端塗抹甜辣醬當黏著劑。

12 包好，收口略壓緊實。

延伸烹調 炸春捲

製作流程

炸春捲

成品：炸春捲 10 個

原料	%	公克／數量
春捲皮		10 張
●內餡		
豆乾絲		1 塊
紅蘿蔔絲		100
高麗菜絲		120
筍絲		50
香菇絲		2 朵
芹菜段		80
鹽		1/4 小匙
味素		1/8 小匙
胡椒粉		1/4 小匙
糖		1/2 小匙
花生粉		50
細砂糖		50
太白粉水		3 大匙
●麵糊		
麵粉		2 大匙
水		2 大匙

＊烹調部分的食材不標示百分比（%）

製作春捲皮

1 春捲皮的做法可參照 P.91 的製作流程 1～8。

調麵糊和備料

2 將麵粉和水拌勻，備用；備妥豆乾絲、高麗菜絲、竹筍絲、香菇絲、芹菜段和紅蘿蔔絲。

烹調配料

3 鍋燒熱，倒入適量沙拉油，先爆香香菇絲，續入其他食材，再加入調味料炒勻。

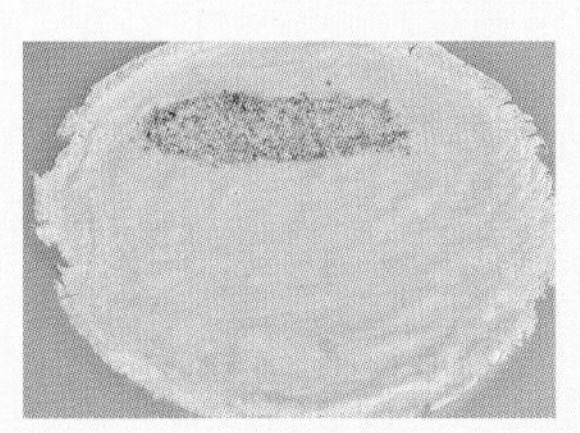

4 花生粉和細砂糖混勻。取 1 張春捲皮，餅皮底部鋪上一些花生糖粉。

5 放上炒好的配料，春捲皮往上捲至中間。

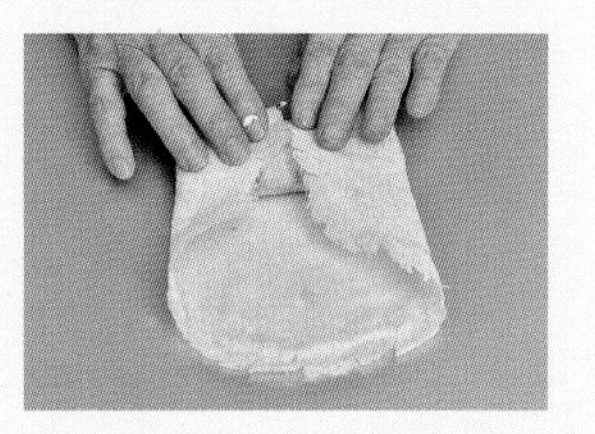

6 將春捲皮左右都往中間摺（調整春捲長度為 10～11 公分）。

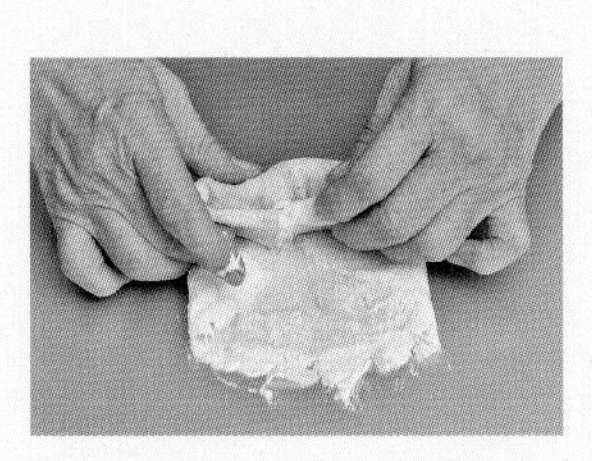

7 塗抹拌勻的麵糊，下方提起往上捲到底。

8 捲成長的圓條狀。

炸春捲

9 起油鍋，油溫至 150℃（中油溫），放入包好的春捲炸。

10 炸至外表金黃酥脆，撈起瀝乾油分，擺盤即可。

淋餅

延伸烹調 **軟式蛋餅、豆沙鍋餅**

（做法見 P.99、P.101）

淋餅

成品：淋餅 20 張

原料	%	公克
粉心麵粉	100	600
冷水	150	900
全蛋	35	210
鹽	2	12
樹薯澱粉	5	30
合計	292	1752

＊烹調部分的食材不標示百分比（％）

小祕訣

麵糊中加入了樹薯澱粉，可以使淋餅增加彈性和延展性，讓餅皮不易斷裂。

製作流程

製作淋餅

1 粉心麵粉、樹薯澱粉混合過篩，倒入攪拌盆中。

2 冷水、蛋和鹽拌勻。

3 將拌好的蛋液倒入粉攪拌盆中。

4 沿著盆壁，一邊轉動攪拌盆，一邊摩擦攪拌，充分拌勻至沒有粉粒的麵糊。

★可以分段攪拌，剛開始摩擦攪拌好先鬆弛一下，再繼續摩擦攪拌至沒有顆粒狀。

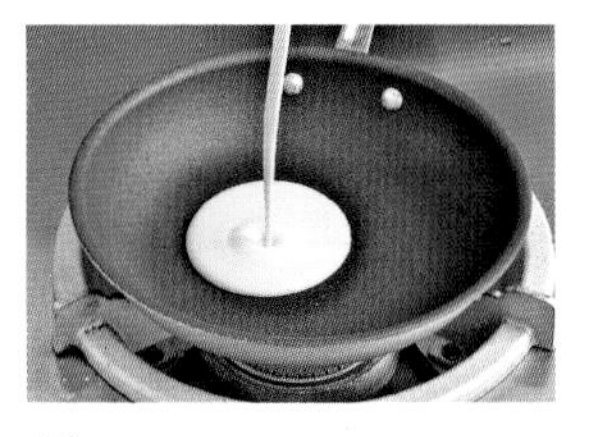

5 取 10 吋平底鍋，加熱，擦上少許沙拉油，舀 1 大湯勺麵糊倒入鍋中間。

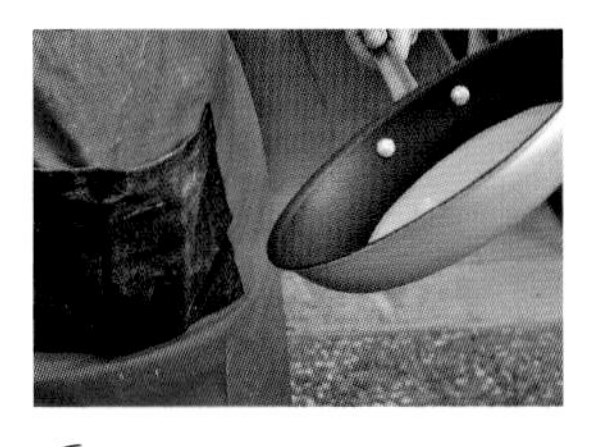

6 手握鍋柄搖轉麵糊，使麵糊平鋪於鍋面，並且厚薄均勻。

7 以小火加熱，避免餅皮燒焦。

8 餅皮表面顏色平均即可取出。

延伸烹調 軟式蛋餅

製作流程

軟式蛋餅

成品：蛋餅 10 個

原料	%	公克／數量
淋餅餅皮		10 張
雞蛋		10 個
蔥花		適量
鹽		少許
沙拉油		適量
培根片		10 片

＊烹調部分的食材不標示百分比（%）

製作淋餅

1 餅皮的做法可以參照 P.97 的製作流程 1 ～ 8。

製作蛋餅

2 雞蛋打散成蛋液，過篩。

3 鹽溶於少許水中，再倒入蛋液中，加入蔥花拌勻，備用。

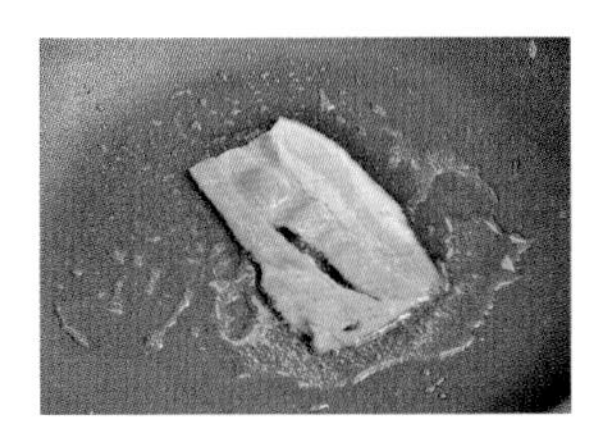

4 取平底鍋，加熱，擦上 1 大匙沙拉油，放入培根片煎熟。

5 倒入蔥花蛋液。

6 蓋上一張餅皮，蛋煎熟後翻面。

7 用鍋鏟和夾子將餅皮由下往上捲起。

★除了鍋鏟，加上夾子的輔助，有利於捲起蛋餅皮和料。

8 捲成長條狀，並且加熱至餅皮呈金黃色即可享用。

小祕訣

製作流程 5 倒入蔥花蛋液後，蛋液尚未凝固之前，就要先覆蓋餅皮，再把蛋煎熟，這樣蛋液、培根片和餅皮才能合而為一。

延伸烹調 豆沙鍋餅

製作流程

豆沙鍋餅

成品：鍋餅 10 個

原料	%	公克／數量
淋餅餅皮		10 張
烏豆沙		400
麵粉		2 大匙
水		2 大匙

＊烹調部分的食材不標示百分比（％）

製作淋餅

1 餅皮的做法可參照 P.97 的製作流程 1.～8.。

製作豆沙鍋餅

2 調製麵糊，備用。烏豆沙放入塑膠袋中，以擀麵棍擀成平整的長條形，備用。

3 取一張餅皮，放入烏豆沙，放於餅皮三分之一處。

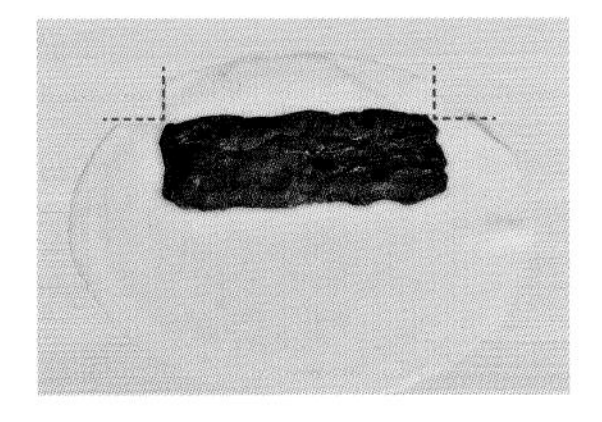

4 如上圖，將餅皮邊緣沿著烏豆沙，剪下 2 個直角。

5 將下方的餅皮往上，摺包在烏豆沙上。

6 左右兩邊的餅皮如上圖剪一橫刀，往內摺包在烏豆沙上。

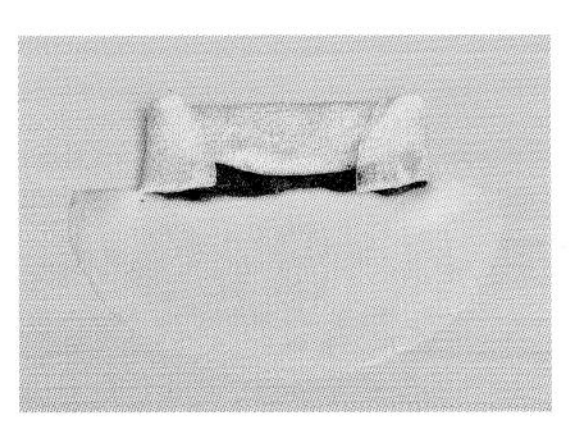

7 左右兩邊的餅皮都摺疊好。

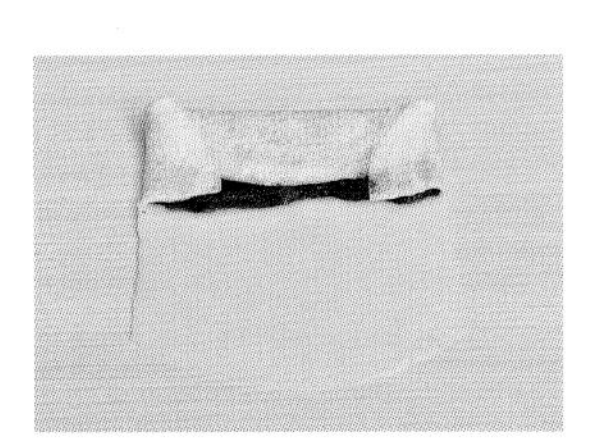

8 上方左右兩邊的餅皮也修掉。

9 餅皮繼續往上摺，包成長方形。

10 餅皮快捲到底時，餅皮端塗抹麵糊。

11 包好封口，收口略壓緊實。

12 鍋燒熱，倒入 1 大匙沙拉油，放入包好的豆沙餅皮，煎至餅皮呈金黃色即可。

PART 2

燙麵、溫水麵類

製作水調麵團時，先加入 100℃的沸水，

再加入適量冷水而製成的麵團，稱為燙麵麵團。

因沸水使得麵粉中的澱粉糊化，

導致麵團筋性變差、彈性、拉力也較不佳，

但因可塑性好、不易變形，

因此適合製作煎、烙或烤炸類食物，

像是煎餃、蔥油餅、韭菜盒子、餡餅和抓餅等。

溫水麵團則是指加入 70℃的溫水調製成的麵團。

具備適當的筋性和可塑性，

適合製作蒸類食品，像是小籠包、湯包等。

燙麵餃皮

花素蒸餃、韭黃蝦仁鍋貼
高麗菜煎餃、海鮮燒賣

延伸烹調 （做法見 P.107、P.109、P.111、P.113）

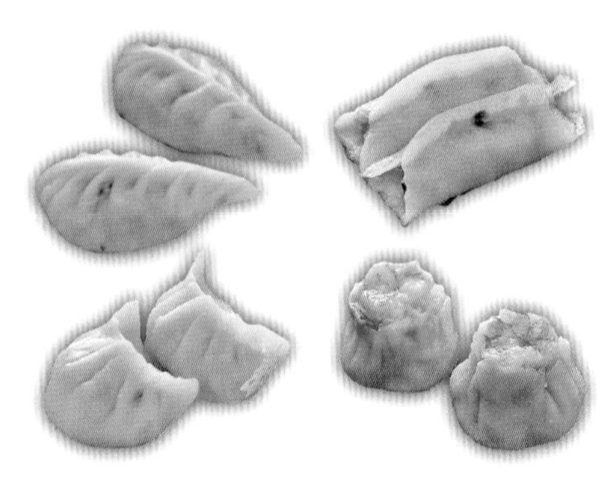

燙麵餃皮

成品：餃皮約 20 張，每張 10 公克

原料	%	公克
●餃皮		
粉心麵粉	100	130
沸水	50	65
冷水	20	26
合計	170	221

＊烹調部分的食材不標示百分比（%）

製作流程

製作燙麵餃皮

1 將麵粉倒入攪拌盆中，沖入沸水（100℃）。

2 以小擀麵棍順時鐘方向，攪拌至水分被吸收的鬆散小麵片狀（絮狀）。

★攪拌至看不見乾粉的狀態即可。

3 加入冷水，以小擀麵棍繼續攪拌成團狀。

★迅速攪拌成團，麵團表面會有些粗糙。

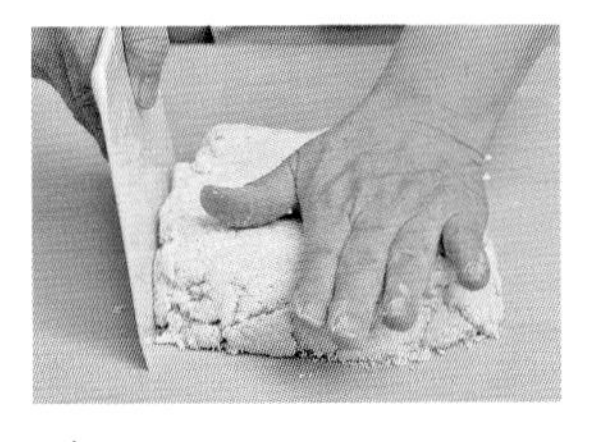

4 將麵團移至工作檯上，用刮刀按壓成整齊的形狀。

5 用刮刀切成數條麵團。

6 置於工作檯上放冷卻，因為仍有水氣，所以不需蓋保鮮膜、塑膠袋。

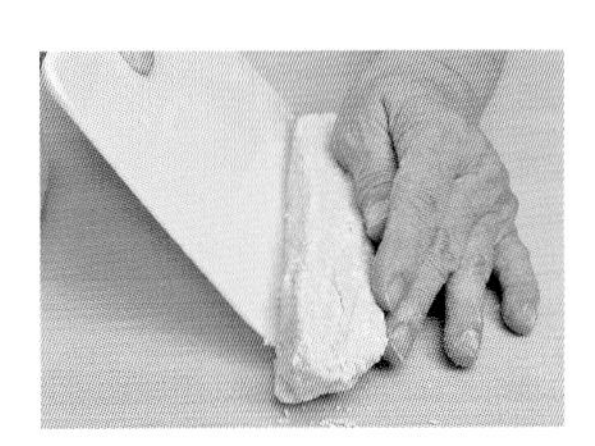

7 冷卻麵團的過程中，以刮刀將長條麵團翻面。

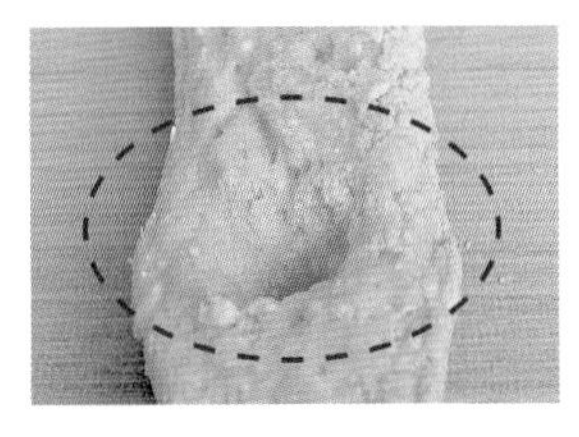

8 燙得好的麵團是以手指按下去，不會彈起來的狀態。

9 用手揉或機器將冷卻好的麵團，攪拌成光滑麵團，搓揉成長條橢圓狀。

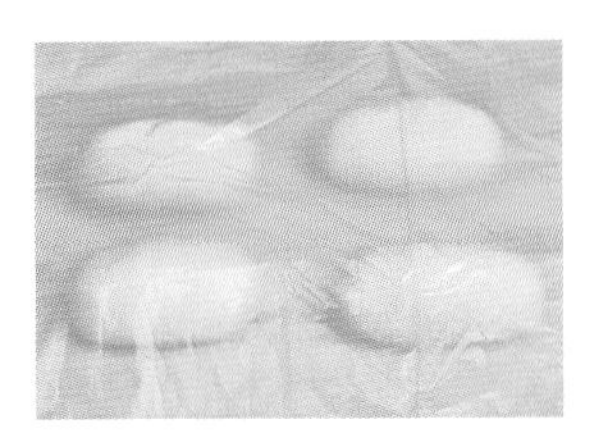

10 蓋上塑膠袋，鬆弛 10 ～ 15 分鐘。

11 分割成每個 10 公克的小麵團。

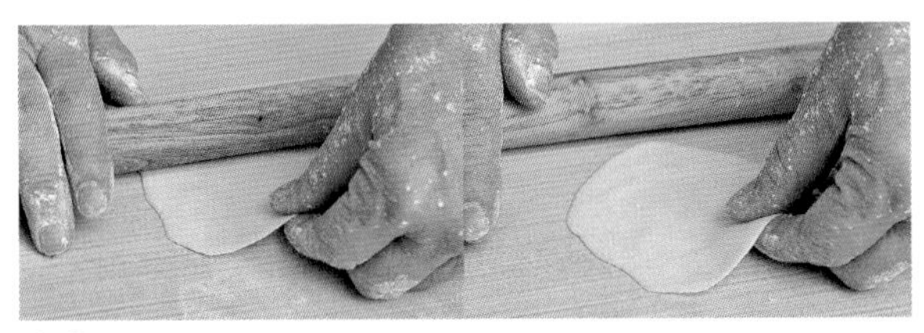

12 參照 P.83，擀成中間較厚，邊緣較薄，直徑 8 公分的圓片。

★如果麵皮會黏在工作檯上，要適時撒上些許手粉。

★擀餃皮可用手機掃描 QR CODE 觀看。

延伸烹調 花素蒸餃

製作流程

花素蒸餃
成品：蒸餃 20 個

原料	%	公克／數量
餃皮		20 張
●內餡		
脫水青江菜	100	130
乾香菇	5	7
蔥花	20	26
薑末	3	4
豆乾丁	50	65
蛋皮碎	40	52
蝦米	10	13
鹽	1	1.3
香油	10	13
糖	2	2.6
味精	1	1.3
醬油	3	4
胡椒粉	0.3	0.4
沙拉油		適量
合計	245.3	319

＊烹調部分的食材不標示百分比（%）

★麥穗造型蒸餃包法可用手機掃描 QR CODE 觀看。

製作內餡

1 備妥擠掉水分的青江菜碎（參照 P.81 製作流程 1）、蛋皮碎。

2 備妥泡軟切丁的蝦米、香菇丁和豆乾丁。

3 備妥薑末、蔥花。

4 鍋燒熱，倒入適量油，放入薑末、香菇丁和蝦米碎爆香，熄火。

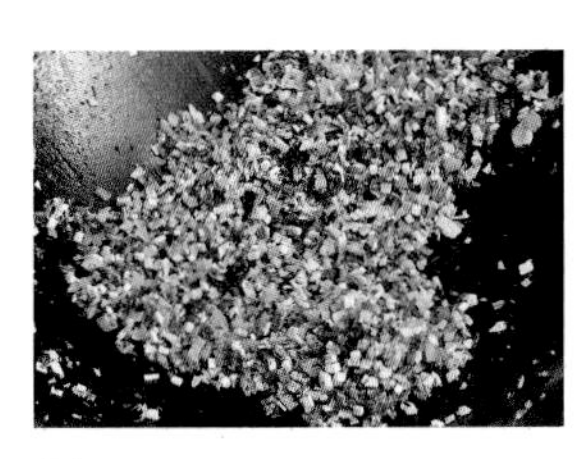

5 加入所有材料，以及鹽、香油、糖、味精、醬油和胡椒粉拌勻。

包麥穗造型蒸餃

6 取一張餃皮，中間包入 15 公克內餡。

7 從餃皮的一邊捏起一個小尖，另一手按著餡料。

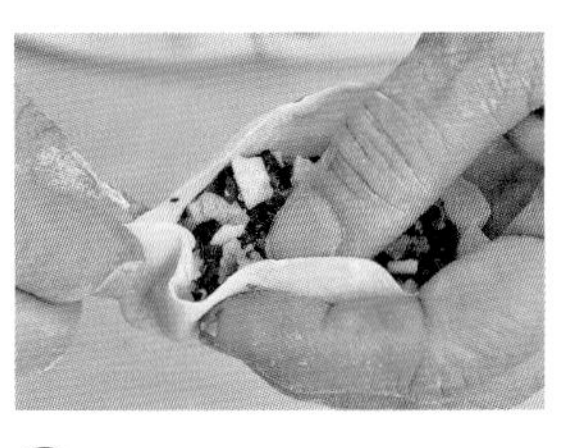

8 左側餃皮先捏一個摺。

9 右側餃皮也捏一個摺，捏緊。

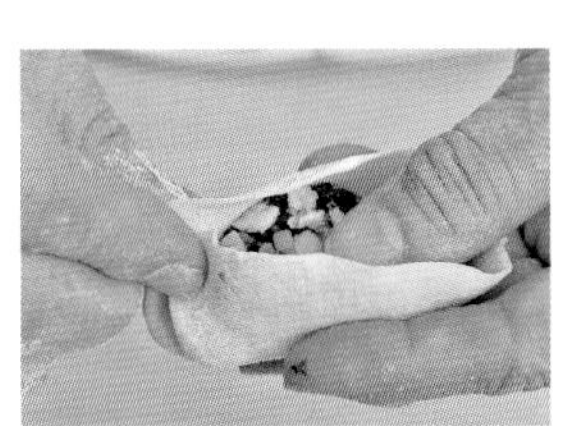

10 反覆左右摺，並且捏緊。

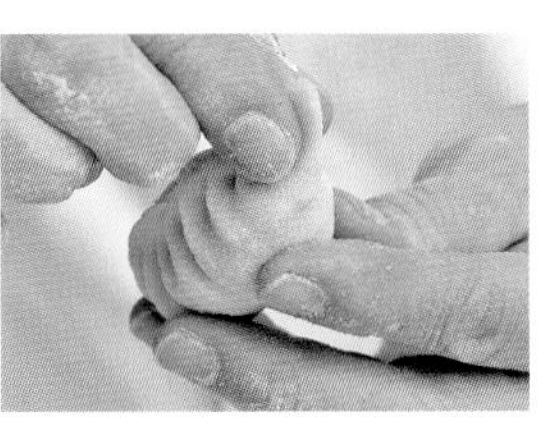

11 捏到尾端，捏一個小尖角，成為麥穗形狀，排在蒸籠中。

蒸蒸餃

12 備一鍋滾水，放入蒸籠，上籠蒸約 6 分鐘即可，出籠。

延伸烹調 韭黃蝦仁鍋貼

製作流程

韭黃蝦仁鍋貼

成品：鍋貼 20 個

原料	%	公克／數量
餃皮		20 張
●內餡		
細絞肉	50	70
蝦仁丁	50	70
鹽	1.5	2.1
麻油	5	7
味精	1	1.4
醬油	2	2.8
高湯或水	10	14
韭黃段	100	140
香菇丁	5	7
薑末	5	7
沙拉油		適量
合計	229.5	321.3
●麵粉水		
粉心麵粉	5	10
冷水	100	200

＊烹調部分的食材不標示百分比（%）

★鍋貼包法可用手機掃描 QR CODE 觀看。

製作燙麵餃皮

1 燙麵餃皮的配方、做法可參照 P.104 ～ P.105。

製作內餡

2 備妥韭黃小段。

3 香菇泡軟切丁；蝦仁去腸泥後吸乾水分，用少許米酒醃至入味，切丁。

4 細絞肉倒入攪拌盆，加入鹽、醬油，攪拌至有彈性。

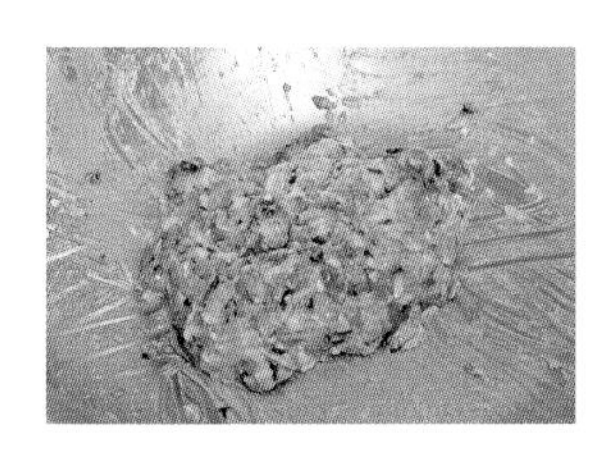

5 水分 3 次加入，續入香菇丁、薑末、蝦仁丁，以及味精、醬油、高湯（或水）和麻油拌勻。包上保鮮膜，冷藏。

6 包鍋貼時，取出肉餡，加入韭黃拌勻。

包鍋貼

7 取一張餃皮，中間包入 15 公克內餡。

8 餃皮的中間捏合，兩邊也捏合，邊緣留兩個洞。

煎鍋貼

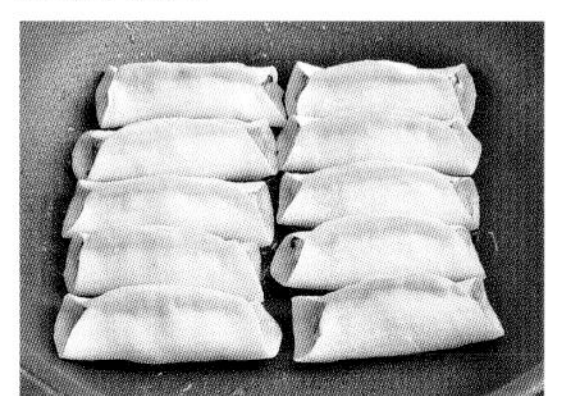

9 平底鍋燒熱，倒入少許沙拉油，排入長條鍋貼。

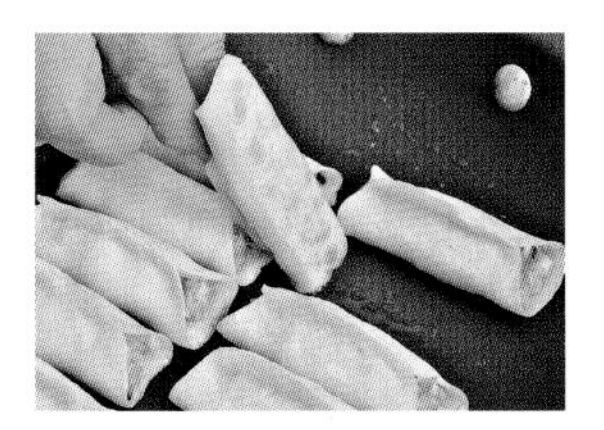

10 煎至鍋貼的底部上色。

11 倒入調勻的麵粉水，至鍋貼的一半高度，蓋上鍋蓋燜煮 8 分鐘。

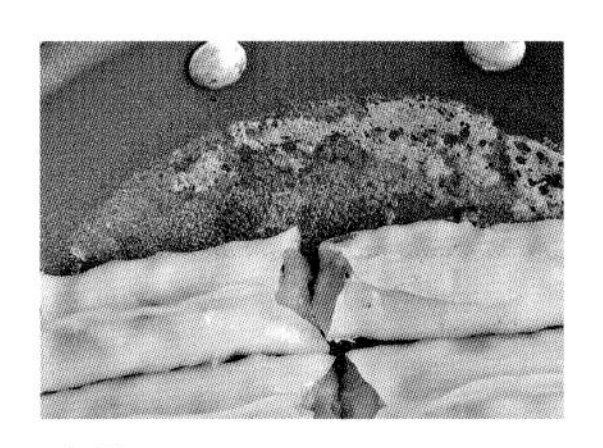

12 打開鍋蓋，底部煎至金黃即可起鍋。

延伸烹調 高麗菜煎餃

製作流程

高麗菜煎餃

成品：煎餃 20 個
內餡：每個約 15 公克

原料	%	公克 / 數量
餃皮		20 張
●內餡		
細絞肉	100	130
醬油	3	3.9
鹽	1	1.3
味精	1	1.3
水	10	13
薑末	5	6.5
蔥花	20	26
麻油	10	13
脫水高麗菜	100	130
合計	250	325
●麵粉水		
粉心麵粉	5	10
冷水	100	200

＊烹調部分的食材不標示百分比（%）

製作燙麵餃皮

1 燙麵餃皮的配方、做法可參照 P.104 ～ P.105。

製作內餡

2 內餡的做法可參照 P.85 製作流程 1 ～ 3。包上保鮮膜，冷藏備用。

3 包餡時從冰箱取出，加入脫水高麗菜碎、蔥花拌勻。

包月牙造型煎餃

4 取餃皮 1 張，中間包入 15 公克內餡。

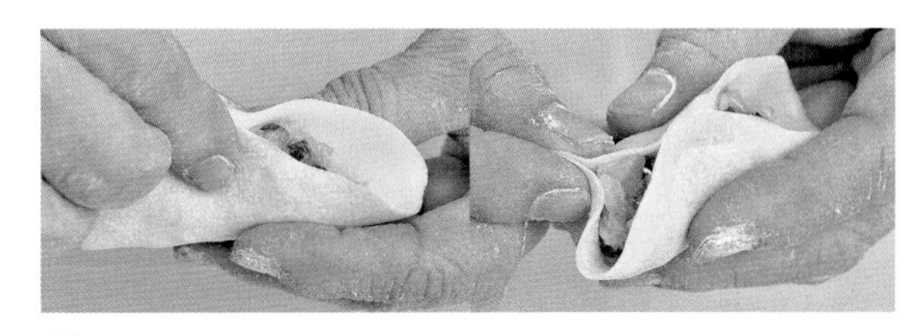

5 將餃皮中間捏合，右側餃皮先捏一個摺。

★雙手上可沾些許手粉再操作。

6 右手將前半圓麵皮一摺一摺捏緊成半圓形的煎餃。

★包好的煎餃可立於桌面上。

烹調煎餃

7 平底鍋燒熱，倒入少許沙拉油，排入煎餃，煎至底部上色。

8 倒入調勻的麵粉水，至煎餃的一半高度，蓋上鍋蓋燜煮 8 分鐘。

9 打開鍋蓋，底部煎至金黃即可起鍋。

★月牙造型煎餃包法可用手機掃描 QR CODE 觀看。

延伸烹調 海鮮燒賣

製作流程

海鮮燒賣

成品：燒賣 16 個
燒賣皮：每個 12 公克
內餡：每個約 30 公克

原料	%	公克
●內餡		
花枝漿	100	140
細絞肉	100	140
蝦仁		16 隻
鹽	0.5	0.7
味精	0.3	0.4
麻油	5	7
胡椒粉	0.3	0.4
高湯或水	10	14
薑末	5	7
洋蔥末	80	112
紅蘿蔔丁	20	28
玉米粒	20	28
合計	341.1	478

＊烹調部分的食材不標示百分比（%）

製作燒賣皮

1 燒賣皮的配方參照 P.104；做法參照 P.105，但分割成每個 12 公克的小麵團。

製作內餡

2 蝦仁去腸泥後吸乾水分，用少許米酒醃至入味，備用。

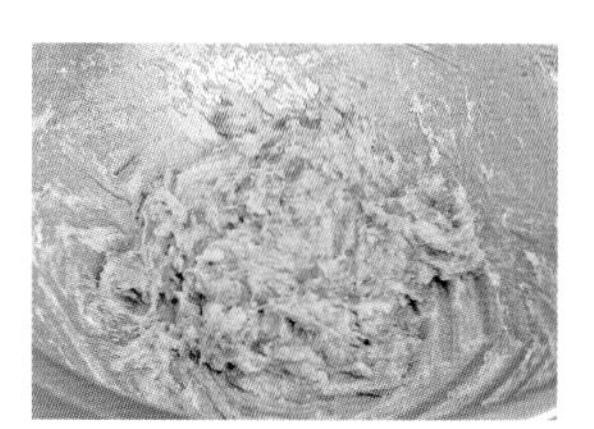

3 細絞肉倒入攪拌盆，加入鹽，攪拌至有彈性，加入花枝漿拌勻。

4 水分 3 次加入，加入調味料、薑末、洋蔥末、紅蘿蔔丁和玉米粒。包上保鮮膜冷藏。

包燒賣

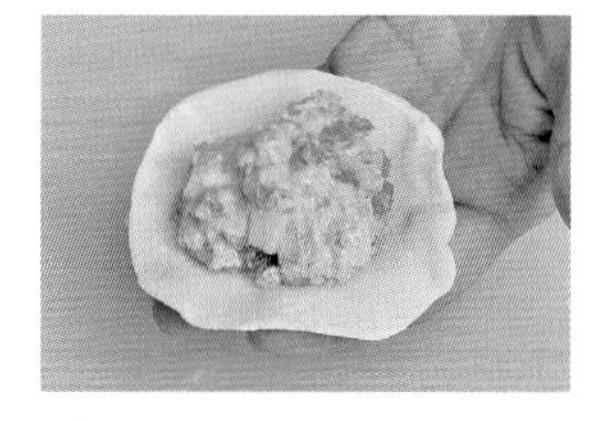

5 取餃皮 1 張，中間包入 30 公克內餡。

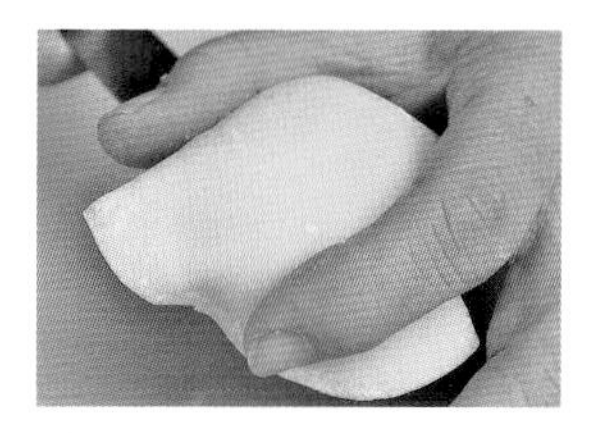

6 用右手虎口捏出一個水桶狀，左手持包餡匙頂住餡料。

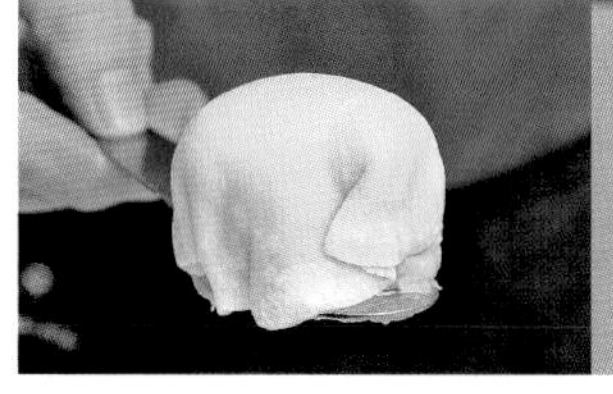

7 左手握住燒賣翻過來，整成上細下胖的白菜形狀。

★利用虎口整型。

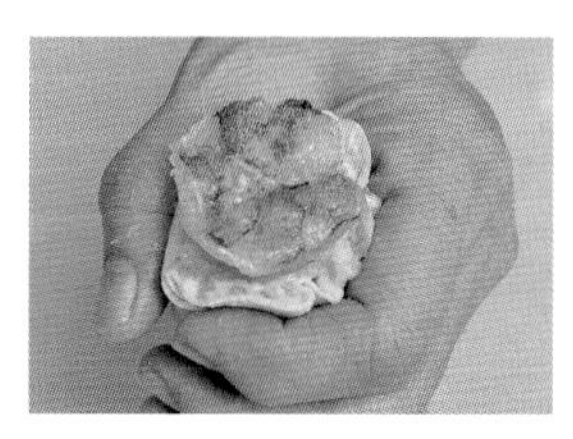

8 內餡上放 1 隻蝦仁，壓緊。

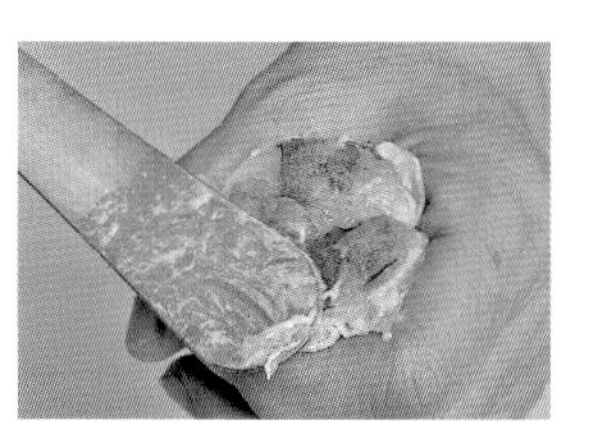

9 讓蝦仁黏在肉餡上，防止脱落。

蒸燒賣

10 備一鍋滾水，將燒賣放入蒸籠中。上籠蒸約 10 分鐘即可，出籠。

★燒賣包法可用手機掃描 QR CODE 觀看。

燙麵餅皮

延伸烹調

蔥油餅、蜜麻餅 抓餅、培根起士蛋餅 韭菜盒子

（做法見 P.117、P.119、P.121、P.123、P.125）

燙麵餅皮

成品：餅皮麵團 10 個，每個約 100 公克

原料	%	公克
粉心麵粉	100	600
沸水	50	300
冷水	24	144
合計	174	1044

＊烹調部分的食材不標示百分比（％）

製作流程

製作燙麵餅皮麵團

1 將麵粉倒入攪拌盆中，沖入沸水（100℃）。

2 以小擀麵棍順時鐘方向，攪拌至水分被吸收的鬆散小麵片狀（絮狀）。

3 加入冷水，以小擀麵棍繼續攪拌成團狀。

★迅速攪拌成團，麵團表面會有些粗糙。

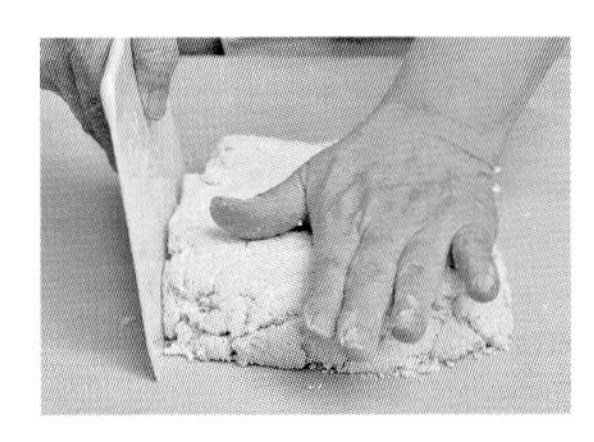

4 將麵團移至工作檯上，用刮刀按壓成整齊的形狀。

5 用刮刀切成數條麵團。

6 置於工作檯上放冷卻，因為仍有水氣，所以不需蓋保鮮膜、塑膠袋。

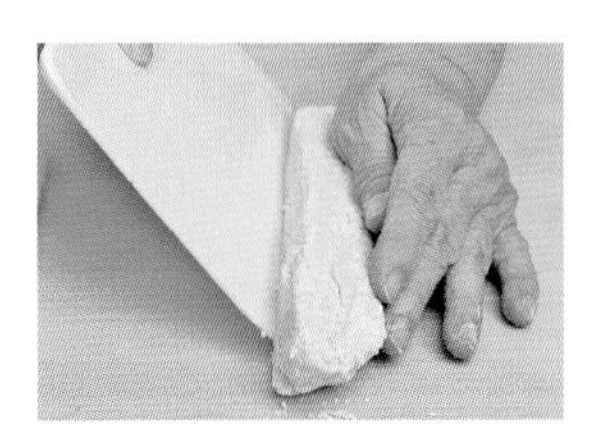

7 冷卻麵團的過程中，以刮刀將長條麵團翻面。

8 燙得好的麵團是以手指按下去，不會彈起來的狀態。

9 用手揉或機器將冷卻好的麵團，攪拌成光滑麵團。

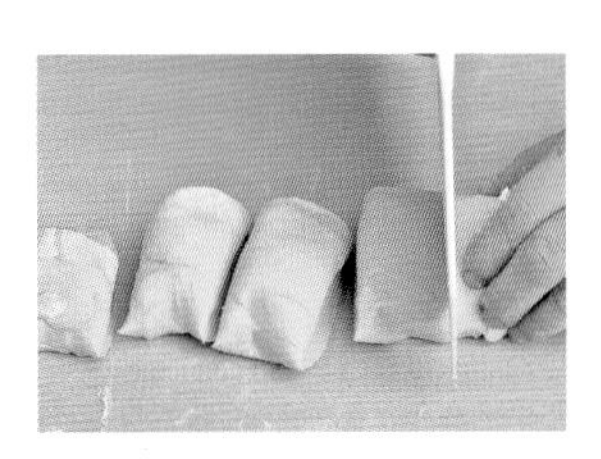

10 蓋上塑膠袋，鬆弛 10 分鐘，再分割成每個 100 公克的麵團，一共 10 個。

11 分別滾圓，鬆弛 30 分鐘。

延伸烹調 蔥油餅

製作流程

蔥油餅
成品：蔥油餅 10 個，每個 100 公克

原料	%	公克 / 數量
燙麵餅皮麵團		10 個
●內餡		
蔥花	10	60
沙拉油	5	30
胡椒粉	0.5	3
鹽	1.5	9
味精	0.5	3
合計	17.5	105

＊烹調部分的食材不標示百分比（%）

製作餅皮

1 蔥油餅皮（燙麵餅皮）的配方、做法可參照 P.114 ～ P.115。

製作蔥油餅

2 將麵團都擀成長方形麵皮。

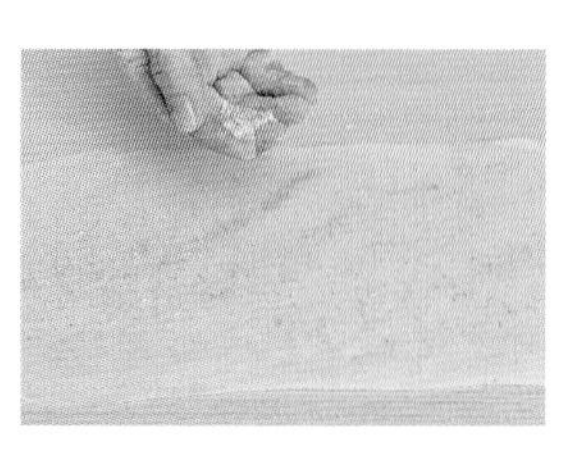

3 麵皮抹上沙拉油（上方邊緣 0.5 公分不抹），撒上胡椒粉、鹽和味精。

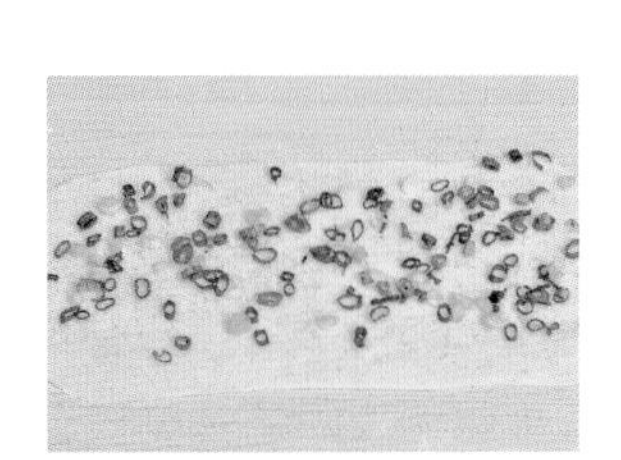

4 均勻鋪上蔥花。

5 麵皮從下往上捲成長條形。

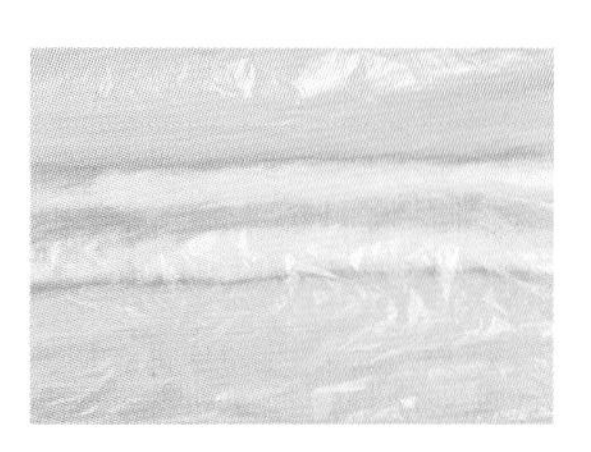

6 蓋上塑膠袋，鬆弛 15 分鐘。

7 長條形麵皮拉長，兩端往中間捲起，右手小的卷往下壓，左手大的卷交疊蓋在小卷上。

★交疊後的麵團如上圖。

8 麵團壓扁，稍微鬆弛一下。

9 麵團擀開成直徑約 15 公分、厚約 1 公分的圓片。

烙蔥油餅

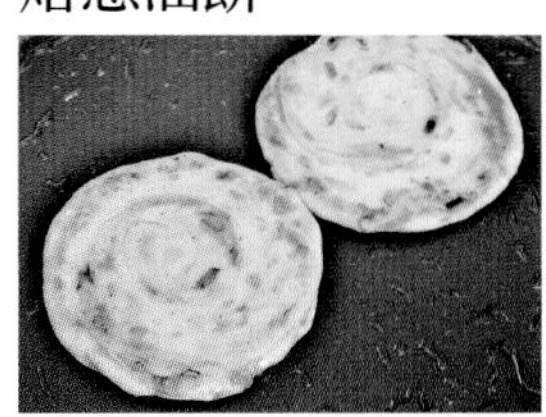

10 平底鍋燒熱，倒入少許沙拉油，放入擀好的麵團，以中火烙至兩面呈金黃色即可。

小祕訣

烙蔥油餅時，平底鍋倒入些許沙拉油後，要搖晃鍋子，讓油布滿整個鍋面，再慢慢烙成金黃色。此外，要注意鍋中的油量，適時酌量增加。

延伸烹調 蜜麻餅

製作流程

蜜麻餅

成品：蜜麻餅 10 個，每個 100 公克

原料	%	公克／數量
燙麵餅皮麵團		10 個
●內餡		
細砂糖	10	60
沙拉油	5	30
熟白芝麻粒	5	30
生白芝麻粒		適量
合計	20	120

＊烹調部分的食材不標示百分比（％）

製作餅皮

1 蜜麻餅皮（燙麵餅皮）的配方、做法可參照 P.114 ～ P.115。

製作蜜麻餅

2 將麵團都擀成長方形麵皮。

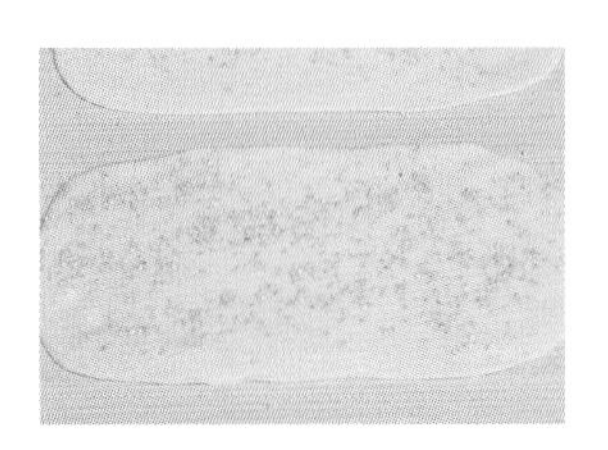

3 麵皮抹上沙拉油（上方邊緣 0.5 公分不抹），撒上砂糖、熟白芝麻。

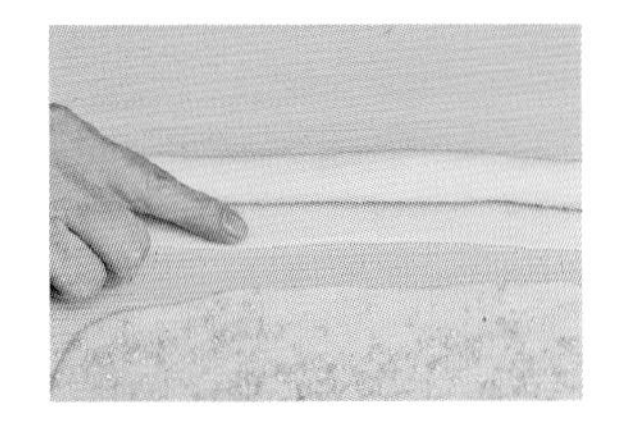

4 麵皮從下往上捲成長條形，麵皮最上方抹點水。

5 蓋上塑膠袋，鬆弛 15 分鐘。

6 長條形麵皮拉長，兩端往中間捲起。

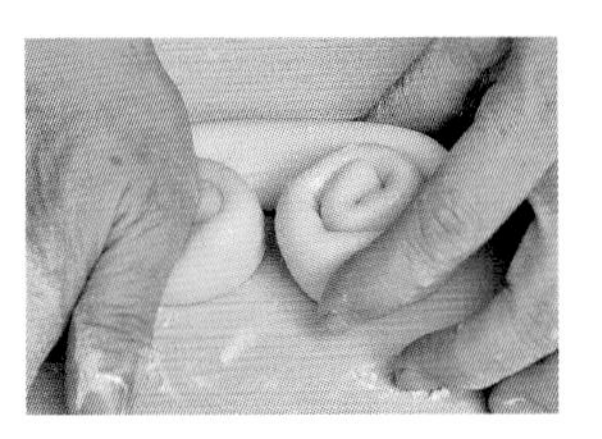

7 右手小的卷往下壓。

8 左手大的卷交疊蓋在小卷上。

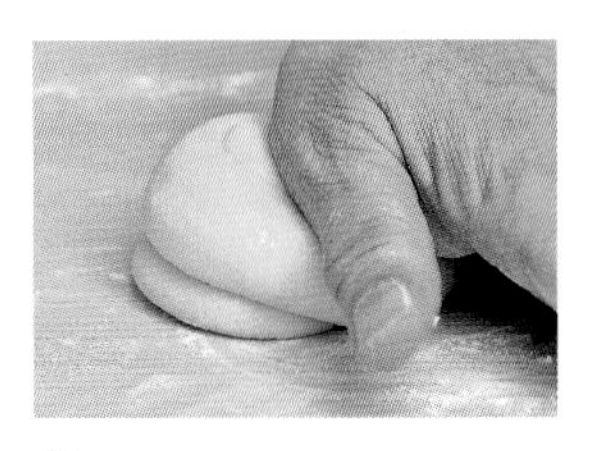

9 麵團以手壓扁。

10 表面撒些許生白芝麻，稍微鬆弛。

11 麵團擀開成直徑約 15 公分、厚約 1 公分的圓片。

烙蜜麻餅

12 平底鍋燒熱，倒入少許沙拉油，放入擀好的麵團，以中火烙至兩面呈金黃色即可。

小祕訣

「烙」這種熟製法，是指鍋中倒入少許油（薄油），再以中小火不時翻面，並且適時斟酌補充油量，將麵餅熟製。

延伸烹調 抓餅

製作流程

燙麵餅皮

成品：餅皮 12 張，每張約 100 公克

原料	%	公克
●餅皮		
粉心麵粉	100	700
沸水	50	350
冷水	20	140
鹽	1	7
豬油	2	14
合計	173	1211

抓餅

成品：抓餅 12 張，每張約 100 公克

原料	%	公克
●夾料		
豬油		適量
粉心麵粉		適量

＊烹調部分的食材不標示百分比（%）

製作餅皮

1 將麵粉、鹽和豬油倒入攪拌盆中，沖入沸水（100℃），再參照 P.115 的做法完成餅皮麵團。

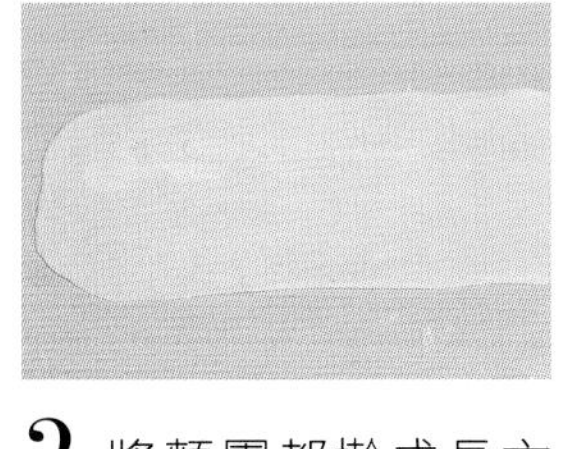

2 將麵團都擀成長方形麵皮。

3 麵皮抹上豬油（上方邊緣 0.5 公分不抹），撒上麵粉。

4 將麵皮對摺，取好中間位置。

5 將上半的麵皮掀起，摺成兩層扇形。

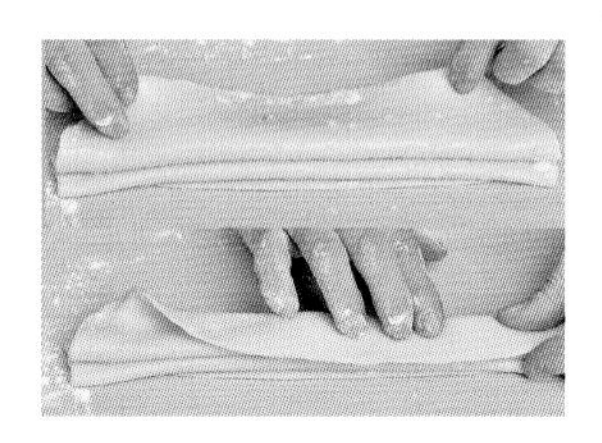

6 麵皮翻面，下半的麵皮變成在上方，也摺成兩層扇形。

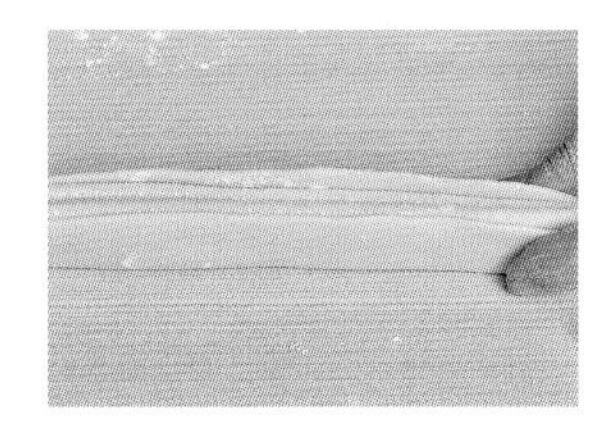

7 將摺扇麵皮立起整理一下。

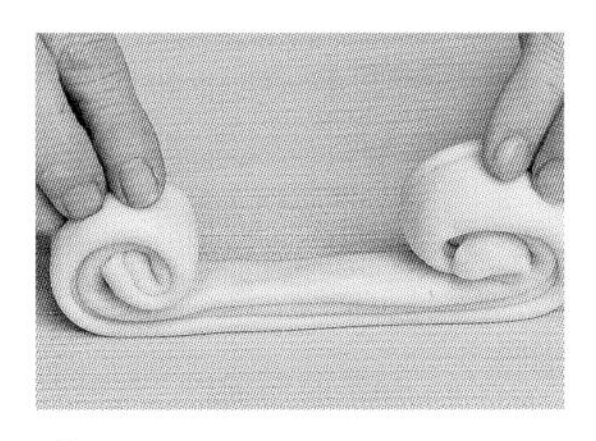

8 將麵皮兩端往中間捲。

9 右手小的卷往下壓，左手大的卷交疊蓋在小卷上。

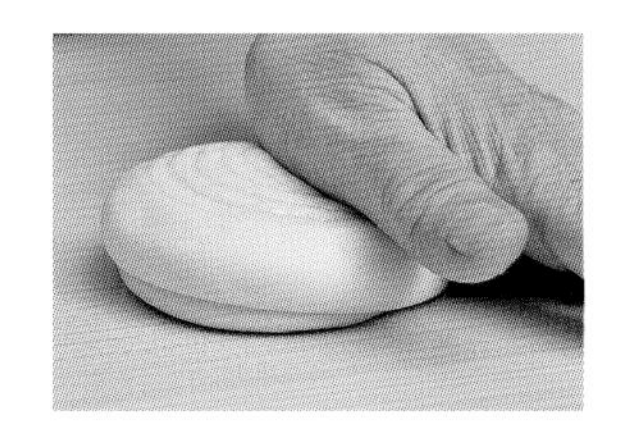

10 壓扁，蓋上塑膠袋，鬆弛約 15 分鐘。

11 麵團擀開成直徑約 15 公分、厚約 1 公分的圓片。

烙抓餅

12 平底鍋燒熱，倒入少許沙拉油，放入擀好的麵團，以中火烙至兩面呈金黃色。

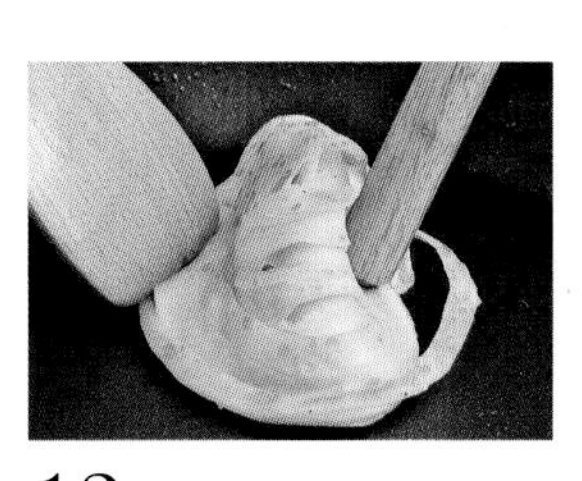

13 起鍋前，於鍋中將抓餅擠壓、拍鬆，呈現出多層次感即可。

★烙餅過程中，不時以鍋鏟將餅皮打鬆，更顯餅皮層次。

燙麵餅皮

成品：餅皮 10 張，每張約 80 公克

原料	%	公克
●餅皮		
粉心麵粉	100	500
沸水	50	250
冷水	24	120
合計	174	870

培根起士蛋餅

成品：蛋餅 10 份，每份約 80 公克

原料	%	公克／數量
●夾餡		
雞蛋		10 個
蔥花		60 公克
培根片		10 片
起士片		10 片

＊烹調部分的食材不標示百分比（%）

製作流程

製作餅皮

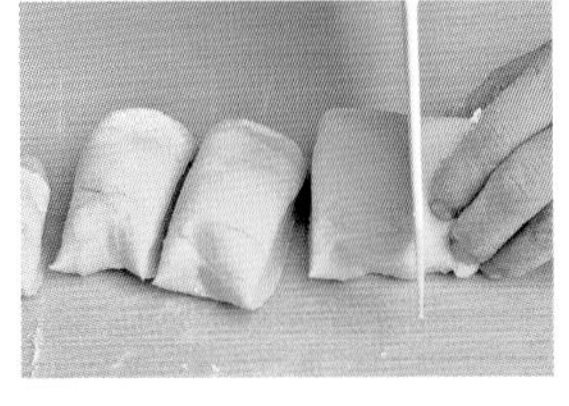

1 蛋餅皮（燙麵餅皮）的做法可參照 P.115，分割成每個 80 公克的麵團，一共 10 個。

2 麵團滾圓，鬆弛 30 分鐘。

3 將麵團都擀成薄的圓形麵皮，直徑約 20 公分。

煎蛋餅

4 平底鍋燒熱，倒入少許沙拉油，以中火烙蛋餅皮，等邊緣翹起後翻面。

5 繼續烙至餅皮表面起泡，先取出。

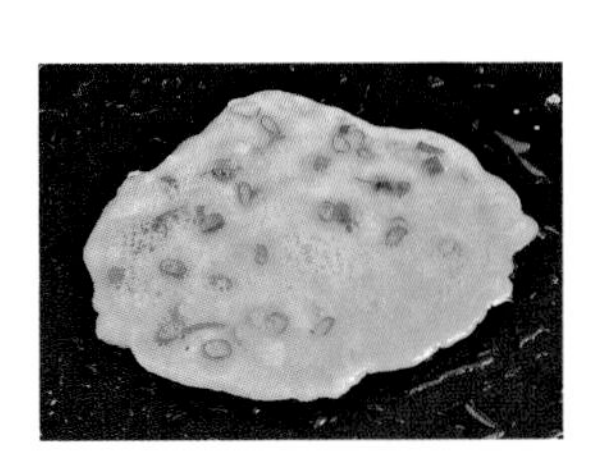

6 蛋液和蔥花拌勻，倒入鍋中。

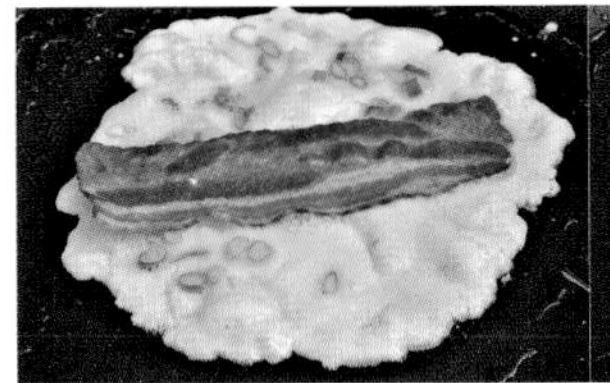

7 排入培根煎熟，接著放入起士片加熱至稍微融化。

★依個人喜好，可換成鮪魚、火腿、玉米粒等食材。

8 蓋上烙熟的蛋餅皮。

9 等蛋液煎至全熟，翻面。

10 用木鏟將蛋餅捲起，摺成 3～4 摺，煎至餅皮金黃即可。

延伸烹調 韭菜盒子

製作流程

燙麵餅皮

成品：餅皮 10 張，每張約 40 公克

原料	%	公克
●餅皮		
粉心麵粉	100	250
沸水	50	125
冷水	20	50
合計	170	425

韭菜盒子

成品：韭菜盒子 10 個，每個約 80 公克

原料	%	公克
●餡料		
細絞肉	100	180
鹽	1	1.8
醬油	3	5.4
味精	0.5	0.9
細砂糖	2	3.6
水	10	18
香油	5	9
韭菜段	70	126
豆乾丁	20	36
粉絲段	10	18
蝦皮	5	9
薑末	4	7
合計	230.5	415

＊烹調部分的食材不標示百分比（%）

小祕訣

蝦皮以少許油炒香，可以去腥味、提香味，如果不喜歡蝦皮的話，也可以增加豆乾丁的量，或者使用豆皮。

製作餅皮

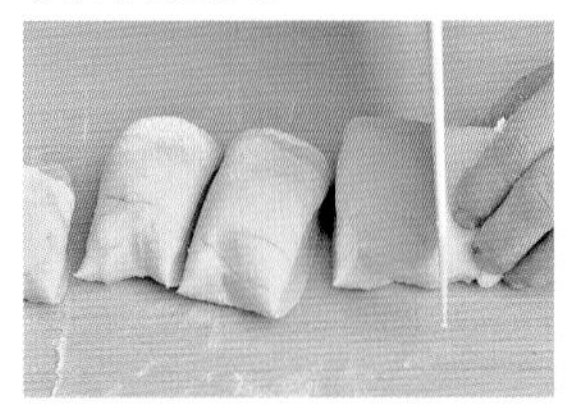

1 餅皮（燙麵餅皮）的做法可參照 P.115，分割成每個 40 公克的麵團，一共 10 個。

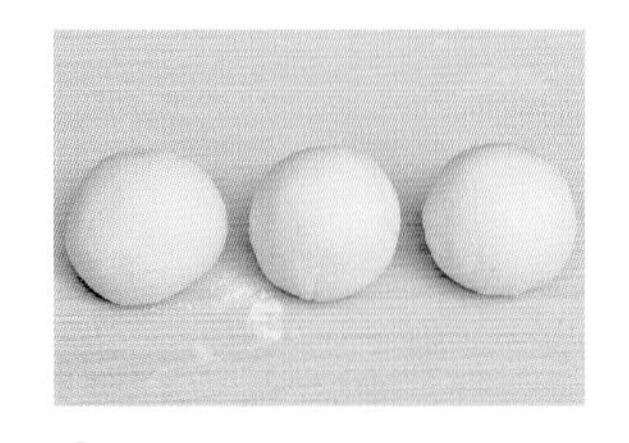

2 麵團滾圓，鬆弛 15 分鐘。

3 將麵團都擀成薄的圓形麵皮，直徑約 15 公分。

製作餡料

4 粉絲泡熱水軟化，切小段；蝦皮洗淨瀝乾。

5 鍋燒熱，倒入少許沙拉油，放入薑末、豆乾丁和蝦皮炒香，備用。

6 細絞肉倒入攪拌盆，加入鹽、醬油，攪拌至有彈性。

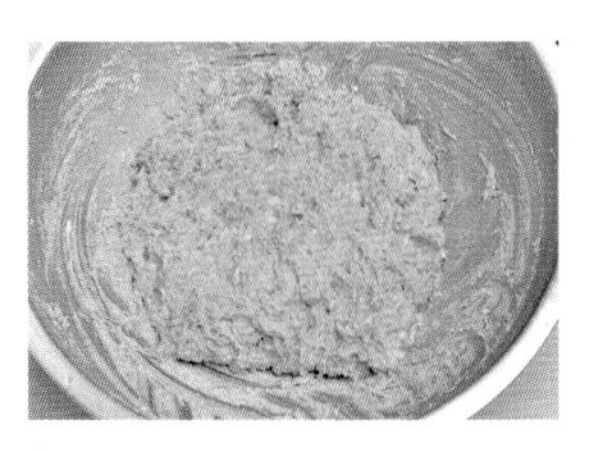

7 水分3次加入拌勻，加入其他調味料、香油拌勻。

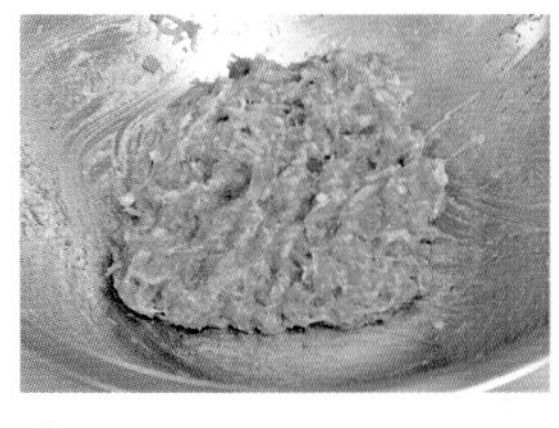

8 肉餡加入粉絲段、薑末、豆乾丁和蝦皮拌成餡料，包上保鮮膜，冷藏。

9 包韭菜盒子時，取出肉餡，加入韭菜段拌勻。

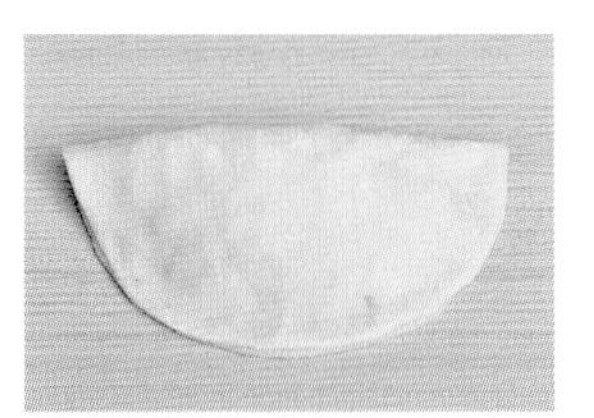

10 取一張餅皮，中間包入 40 公克內餡，包成半圓形。

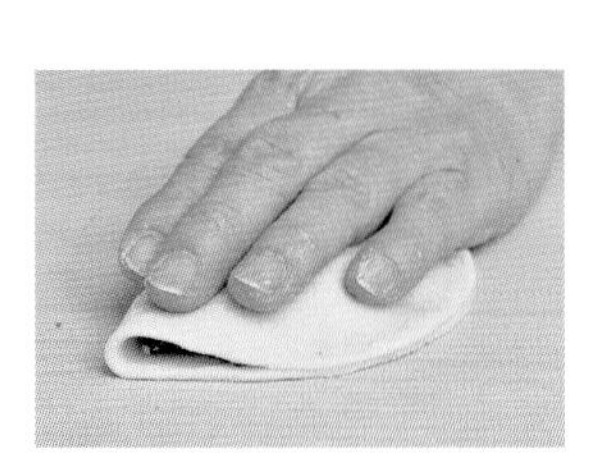

11 一邊留一個小洞排氣，再壓緊封起來。

烙韭菜盒子

12 平底鍋燒熱，倒入少許沙拉油，放入韭菜盒子，以中火烙至餡料熟，餅皮金黃即可。

餡餅皮

延伸烹調 **豬肉餡餅、牛肉餡餅**

（做法見 P.129、P.131）

餡餅皮

成品：餅皮 10 張，每張 40 公克

原料	%	公克
粉心麵粉	100	250
沸水	46	115
冷水	20	50
合計	166	415

*烹調部分的食材不標示百分比（%）

製作流程

製作餡餅皮

1 將麵粉倒入攪拌盆中，沖入沸水（100℃）。

2 以小擀麵棍順時鐘方向，攪拌至水分被吸收的鬆散小麵片狀（絮狀）。

3 加入冷水，以小麵棍繼續攪拌成團狀。

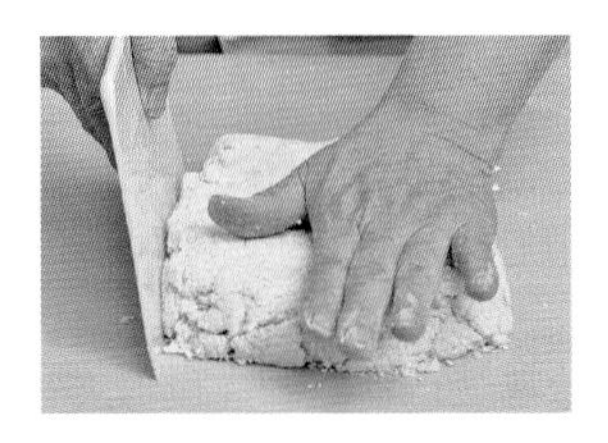

4 將麵團移至工作檯上，用刮刀按壓成整齊的形狀。

5 用刮刀切成數條麵團。

6 置於工作檯上放冷卻，因為仍有水氣，所以不需蓋保鮮膜、塑膠袋。

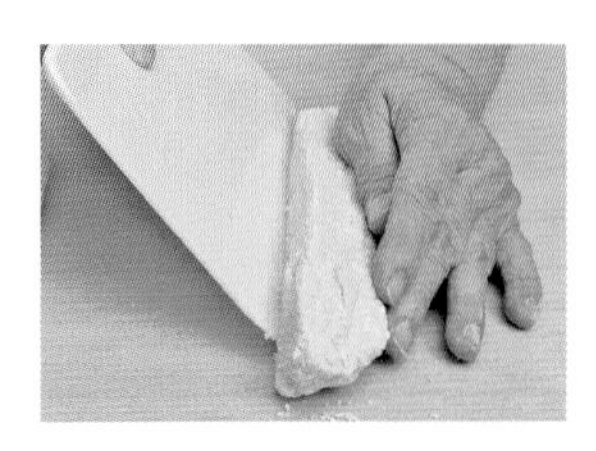

7 冷卻麵團的過程中，以刮刀將長條麵團翻面。

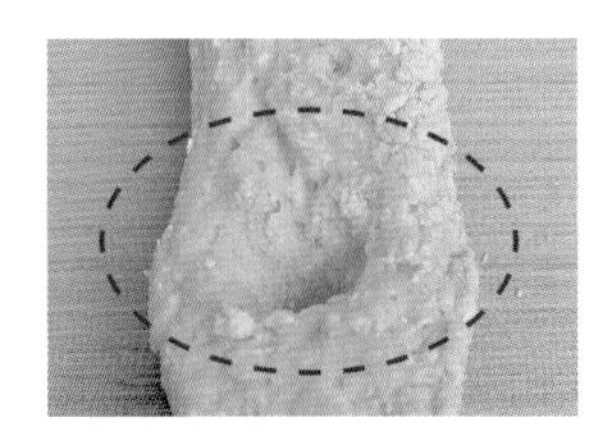

8 燙得好的麵團是以手指按下去，不會彈起來的狀態。

9 用手揉或機器將冷卻好的麵團攪拌成光滑麵團，鬆弛 5 分鐘。

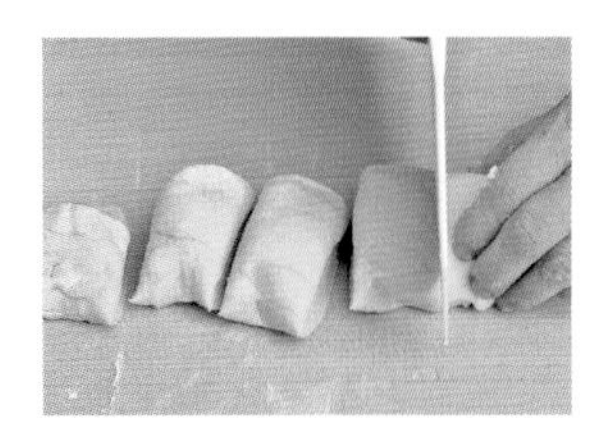

10 分割成每個 40 公克的麵團，一共 10 個。

11 麵團滾圓，鬆弛 15 分鐘。

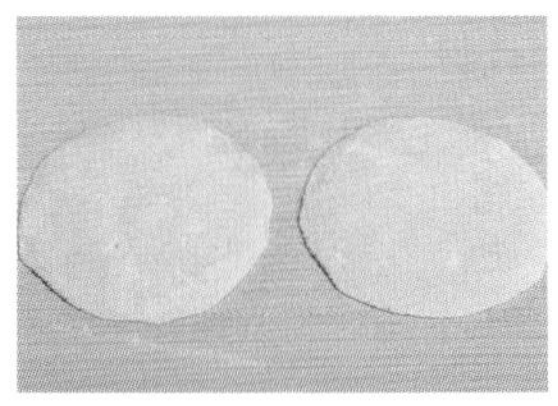

12 將麵團都擀成薄的圓形麵皮（中間較厚，邊緣較薄），直徑約 9 公分。

★因為是擀較小的圓麵皮，建議改成小擀麵棍操作。

延伸烹調 豬肉餡餅

製作流程

成品：餡餅 10 個，每個約 80 公克

原料	%	公克 / 數量
餅皮		10 張
●內餡		
豬絞肉	100	290
鹽	1	3
醬油	3	9
味精	0.5	1.5
水	15	44
胡椒粉	0.2	0.6
香油	3	9
蔥花	20	58
薑末	3	9
合計	145.7	422.5

＊烹調部分的食材不標示百分比（％）

製作內餡

1 豬絞肉倒入攪拌盆，加入鹽、醬油，攪拌至有彈性。

2 水分 3 次加入拌匀，加入其他調味料、香油和薑末拌匀。包上保鮮膜，冷藏備用。

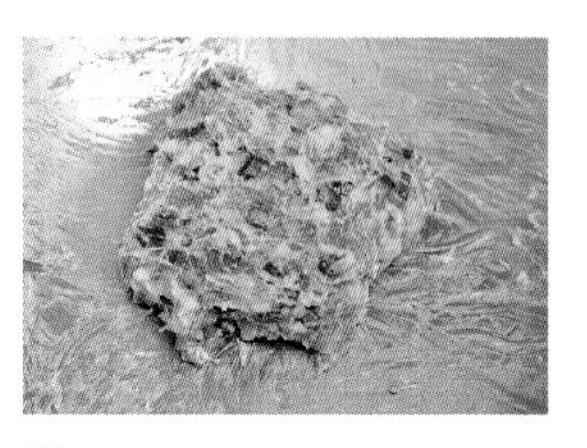

3 包餡餅時，取出內餡，加入蔥花拌匀。

包餡餅

4 取一張餅皮（40 公克），中間包入 40 公克內餡。

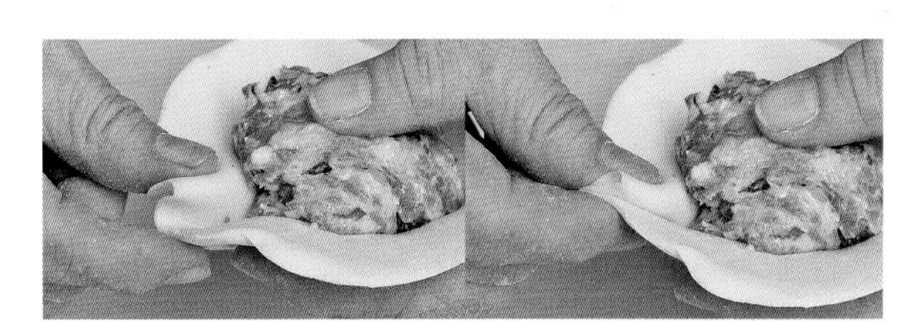

5 左手大拇指按住內餡，右手將餅皮摺一個摺，捏緊。

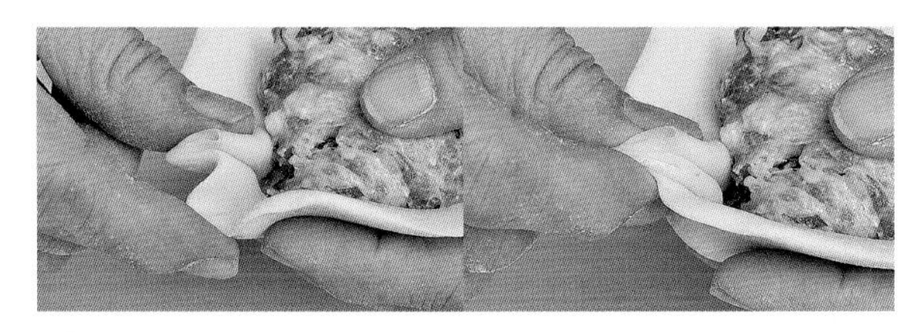

6 重複摺、捏緊的步驟，捏緊的摺子都要一起壓緊。

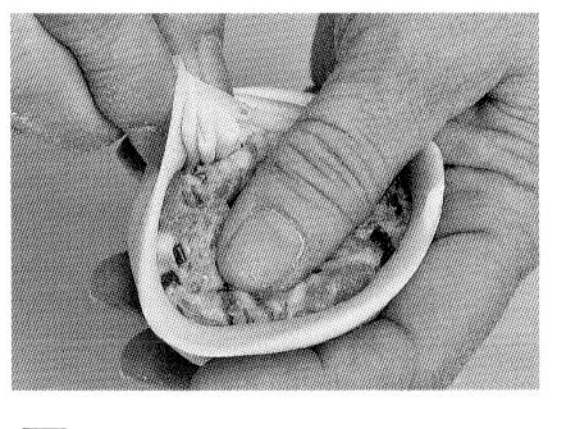

7 摺、捏緊直到快形成一個包子形狀。

8 中間扭緊，成為一個包子形狀。

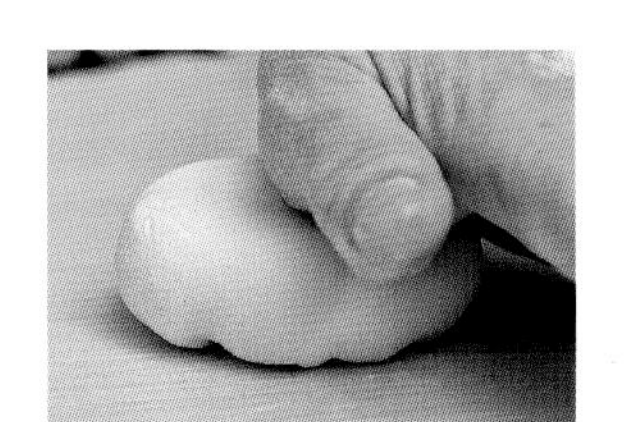

9 倒過來收口朝下，壓成扁圓狀。

烙餡餅

10 平底鍋燒熱，倒入少許沙拉油，排入餡餅。
★摺紋收口那一面要朝上放。

11 以中小火烙至上色，多翻幾次面，煎至呈金黃色即可。

★餡餅包法可用手機掃描 QR CODE 觀看。

製作流程

成品：餡餅 10 個，每個約 80 公克

原料	%	公克／數量
餅皮		10 張
●內餡		
牛絞肉	80	224
肥肉	20	56
鹽	1.2	3.4
醬油	3	8.4
味精	0.5	1.4
花椒水	20	56
香油	5	14
蔥花	20	56
薑末	4	11
合計	153.7	430.4

＊烹調部分的食材不標示百分比（％）

製作餡餅皮

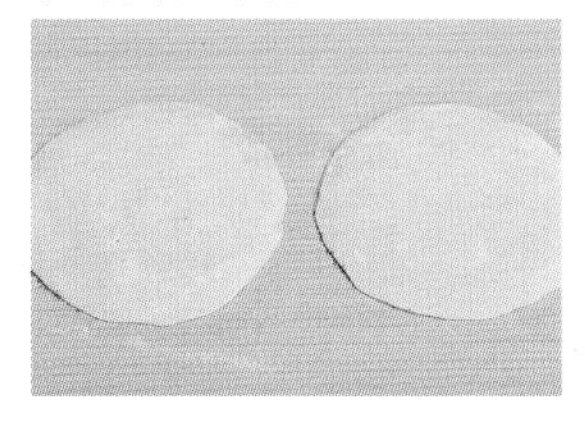

1 餡餅皮（燙麵餅皮）的配方、做法可參照 P.126 ～ P.127。

製作內餡

2 牛絞肉、肥肉倒入攪拌盆，加入鹽、醬油，攪拌至有彈性。

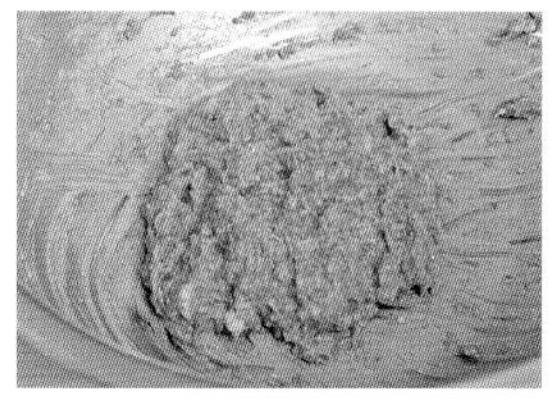

3 花椒水分 3 次加入拌勻，加入其他調味料、香油和薑末拌勻。包上保鮮膜，冷藏備用。

包餡餅

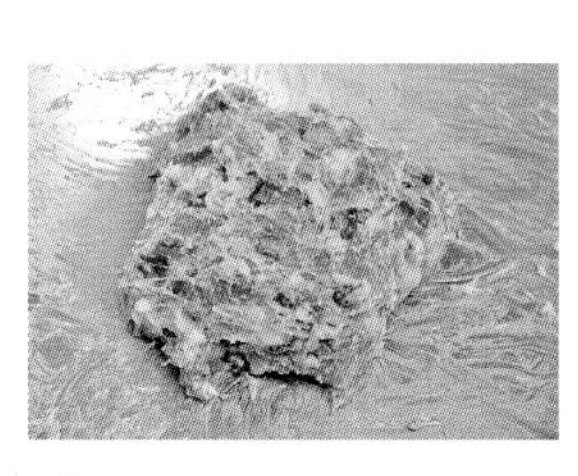

4 包餡餅時，取出肉餡，加入蔥花拌勻。

5 取一張餅皮（40 公克），中間包入 40 公克內餡。

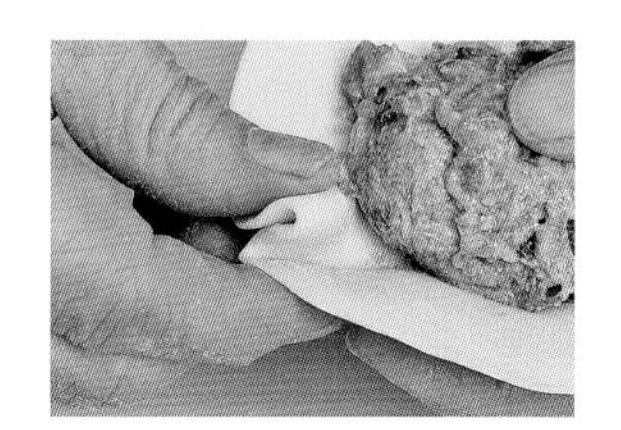

6 左手大拇指按住內餡，右手將餅皮摺一個摺。

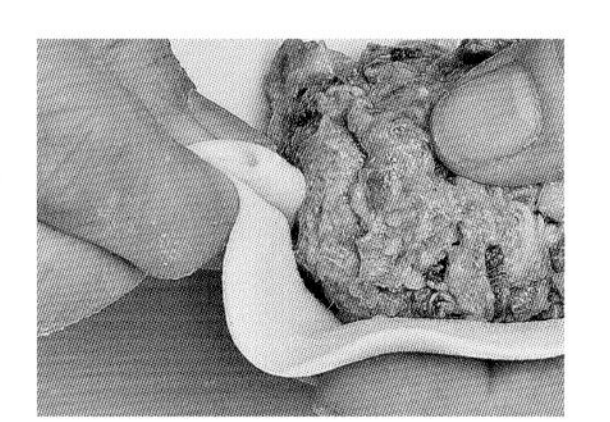

7 將摺捏緊。

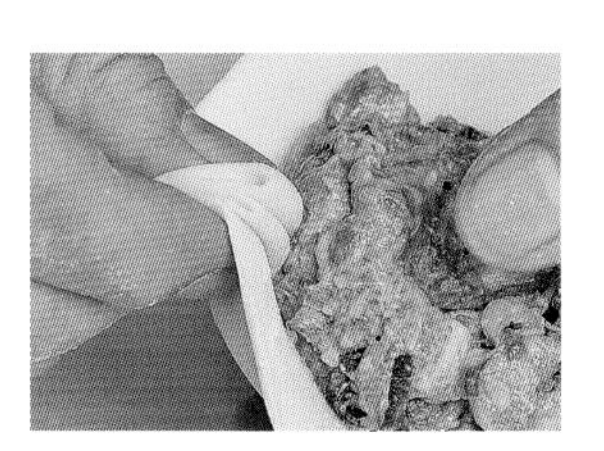

8 重複摺、捏緊的步驟，捏緊的摺子都要一起壓緊。

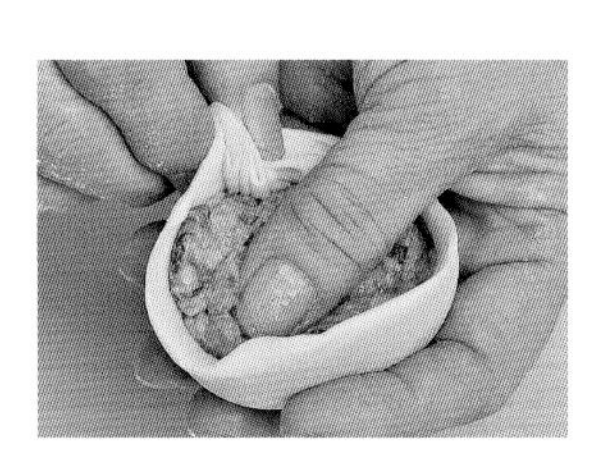

9 摺、捏緊直到快形成一個包子形狀。

10 中間扭緊，成為一個包子形狀。

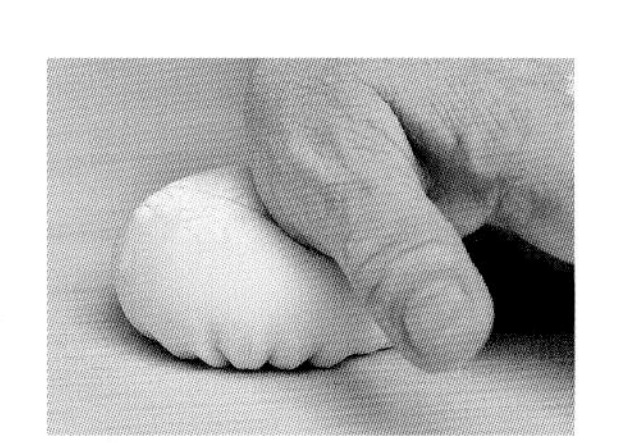

11 倒過來收口朝下，壓成扁圓狀。

烙餡餅

12 平底鍋燒熱，倒入少許沙拉油，排入餡餅，摺紋收口那一面朝上。

13 以中小火烙至上色，多翻幾次面，烙至呈金黃色即可。

★餡餅包法可用手機掃描 QR CODE 觀看。

荷葉餅

延伸烹調 **京醬肉絲捲**

（做法見 P.135）

荷葉餅

成品：餅皮 10 張，每張 25 公克

原料	%	公克
●麵團		
粉心麵粉	100	150
沸水	45	67.5
冷水	25	37.5
合計	170	255
●油酥		
沙拉油		5
粉心麵粉		5

＊烹調部分的食材不標示百分比（%）

製作流程

製作餅皮

1 參照 P.17 製作流程 1～9，用手揉或機器將冷卻好的麵團攪拌成光滑麵團，鬆弛 5 分鐘。

2 分割成每個 25 公克的麵團，一共 10 個。滾圓，鬆弛 15 分鐘。

3 麵粉和沙拉油混勻成油酥。

4 工作檯撒點麵粉，取兩個麵團，其中一個麵團沾裹油酥。

5 壓疊在另一個麵團上，壓成扁圓，形成馬卡龍狀的麵團，鬆弛 10 分鐘以上。

★用手掌根部（大拇指下方）壓麵團。

6 將麵團都擀成圓形麵皮，直徑約 18 公分，厚約 0.5 公分。

烙餅皮

7 平底鍋燒熱，以中小火烙至餅皮稍微起泡，翻面。

★不放油，乾烙即可。

8 繼續烙至餅皮稍微鼓起。

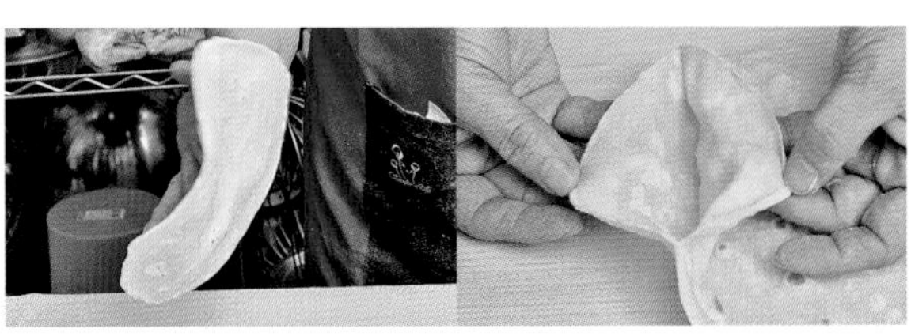

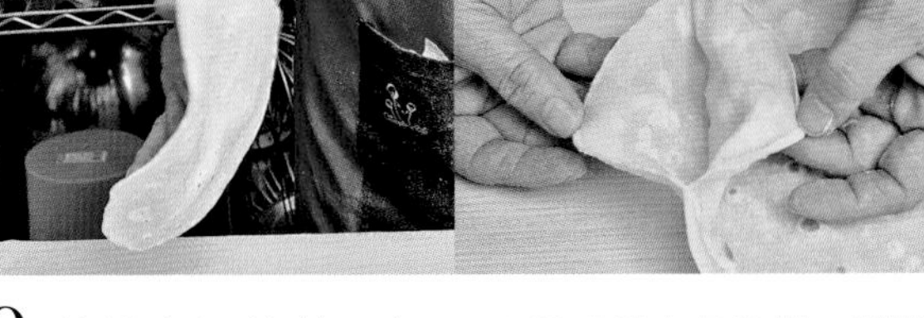

9 趁餅皮還熱著，在桌上甩幾下，再將餅皮撕開成 2 張。

★這時餅皮仍微燙，撕開的時候要小心燙傷。

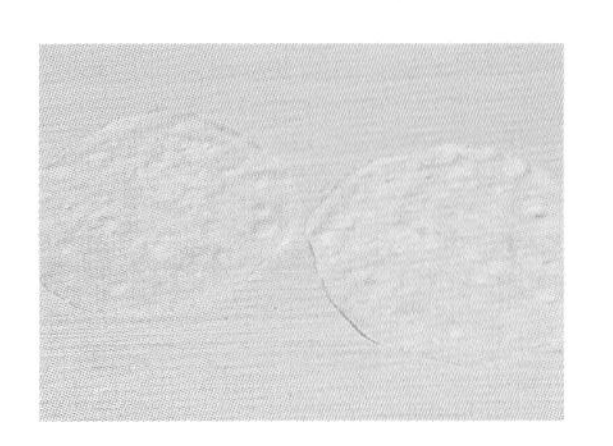

10 2 張餅皮分開放在桌上。

11 分別摺成四分之一圓片。

小祕訣

餅皮如果沒有立刻使用，可能會變硬。夾餡前，可以放入蒸籠或電鍋中，稍微蒸至回軟再使用。

延伸烹調 京醬肉絲捲

製作流程

京醬肉絲捲

成品：京醬肉絲捲 10 份

原料	%	公克／數量
肉絲		100
●醃料		
甜麵醬		1 小匙
醬油		1 小匙
糖		1 小匙
米酒		1 大匙
●調味料		
沙拉油		適量
甜麵醬		1 大匙
醬油		1 小匙
米酒		1 大匙
糖		1 小匙
太白粉水		適量
香油		適量
●配料		
小黃瓜絲		1 條
紅辣椒絲		1 條
青蔥絲		1 支

＊烹調部分的食材不標示百分比（%）

烹調京醬肉絲

1 肉絲用甜麵醬、醬油、糖、米酒醃約 15 分鐘。

2 備妥小黃瓜絲。紅辣椒絲、青蔥絲放入冷開水中泡約 15 分鐘，撈出瀝乾水分。

3 鍋燒熱，倒入適量沙拉油，放入肉絲炒熟。

4 加入甜麵醬、醬油、米酒和糖等調味料，倒入太白粉水勾芡，淋入香油炒勻。

組合

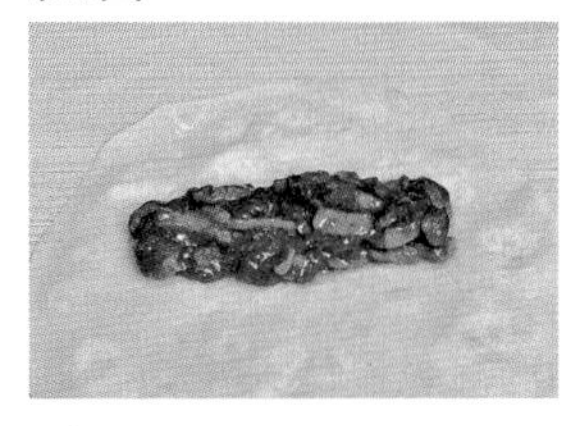

5 取 1 張荷葉餅皮，鋪上適量的京醬肉絲。

6 依序排上小黃瓜絲、紅辣椒絲和青蔥絲。

7 將餅皮由下往上捲，捲至中間。

8 一邊餅皮往中間摺。

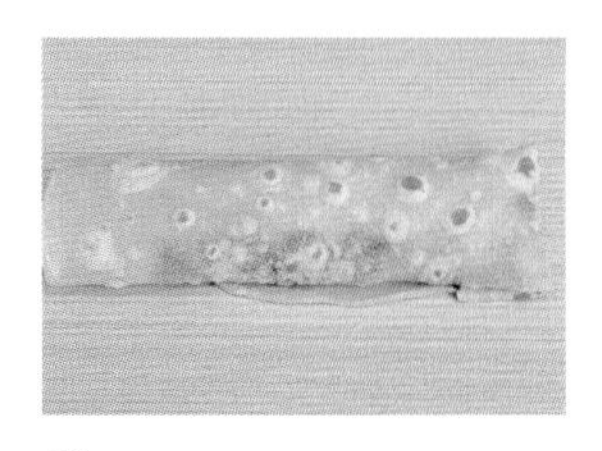

9 提起下方餅皮，往上捲至底，捲成長條狀即可。

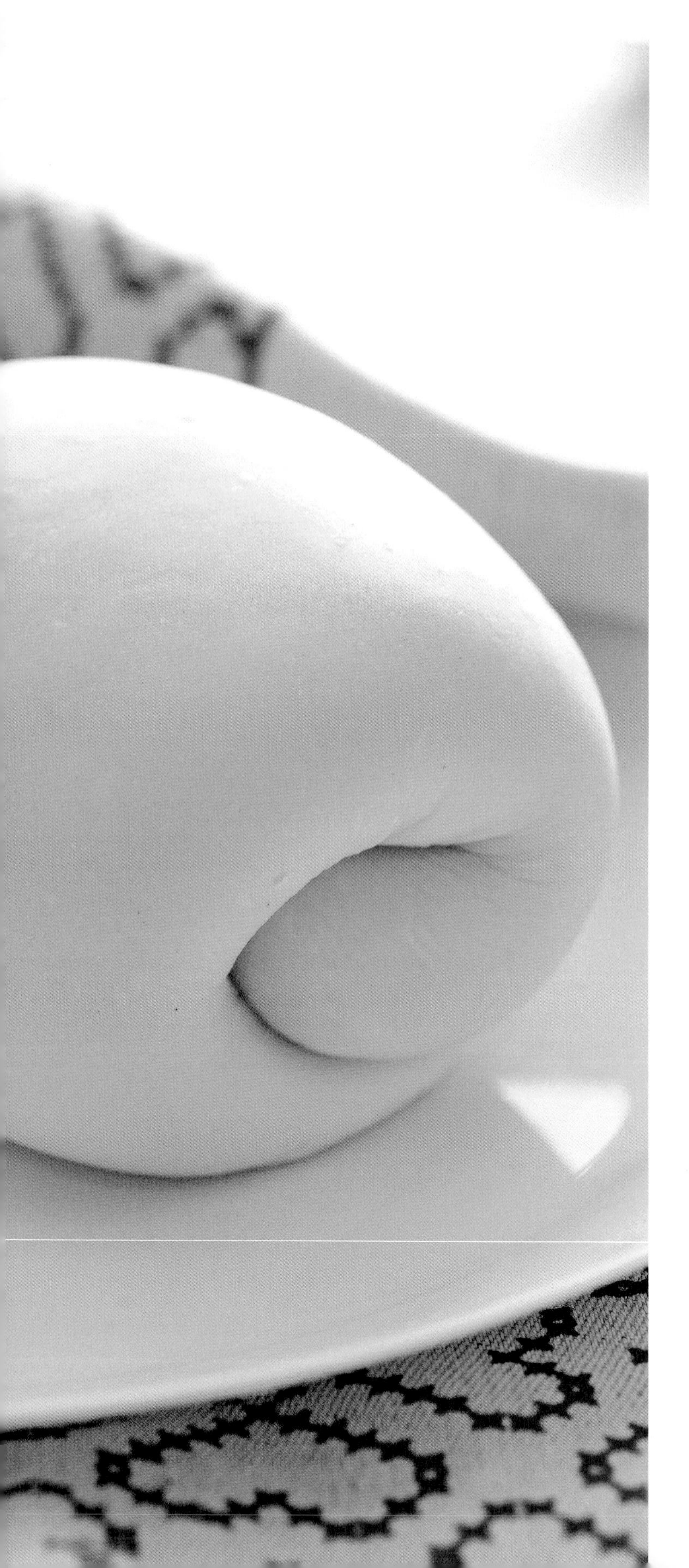

燙麵團

延伸烹調 銀魚麵

（做法見 P.139）

燙麵團

成品：麵團 664 公克

原料	%	公克
●麵團		
粉心麵粉	100	400
鹽	1	4
沸水	40	160
冷水	25	100
合計	166	664

銀魚麵

原料	%	公克／數量
●配料		
沙拉油		75
豬肉絲		75
蝦仁		75
銀芽		150
青蔥段		45
紅蘿蔔絲		75
芹菜絲		75
蛋皮絲		100
●醃料		
醬油		少許
糖		少許
●調味料		
醬油		1 大匙
鹽		1/4 小匙
糖		1/4 小匙
味精		1/4 小匙
香麻油		1 大匙
胡椒粉		1/4 小匙

＊烹調部分的食材不標示百分比（%）

製作流程

製作燙麵團

1 將麵粉和鹽倒入攪拌盆中，沖入沸水（100℃）。

2 以小擀麵棍順時鐘方向，攪拌至水分被吸收的鬆散小麵片狀（絮狀）。

3 加入冷水，以小擀麵棍繼續攪拌成團狀。

★迅速攪拌成團，麵團表面會有些粗糙。

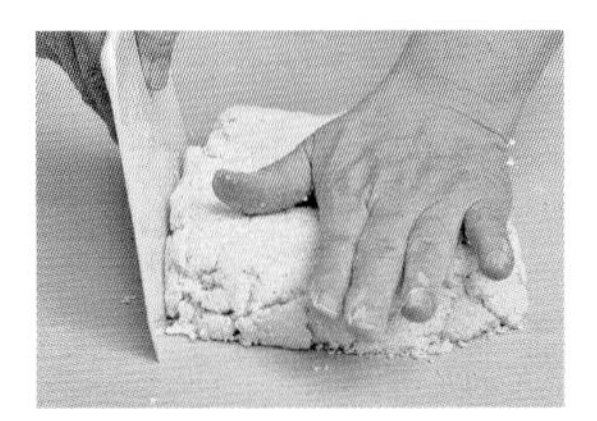

4 麵團移至工作檯上，用刮刀按壓成整齊的形狀。

5 用刮刀切成數條麵團。

6 置於工作檯上放冷卻，因為仍有水氣，所以不需蓋保鮮膜、塑膠袋。

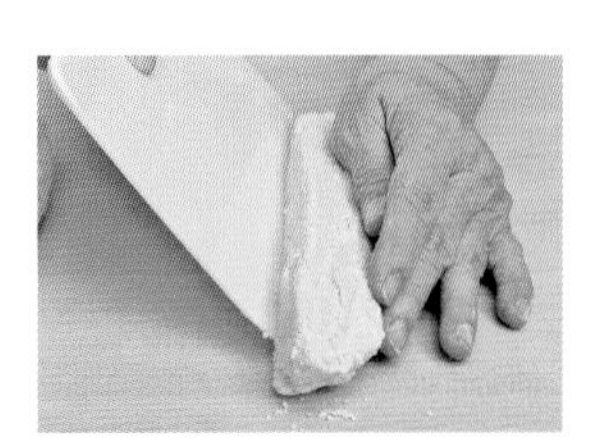

7 冷卻麵團的過程中，以刮刀將長條麵團翻面。

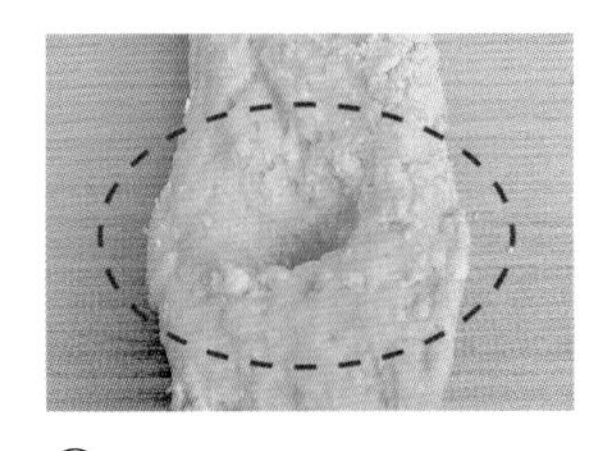

8 燙得好的麵團是以手指按下去，不會彈起來的狀態。

9 用手揉或機器將冷卻好的麵團攪拌成光滑麵團，鬆弛5分鐘。

小祕訣

燙麵團使用了沸水和冷水揉製。麵粉中的蛋白質一旦遇到水，便會形成筋性（麵筋），成品口感偏韌。如果改成加入熱水，便可降低筋性，使成品口感較柔軟，再加入適量冷水，則可調整麵團的軟硬度，並且能整型成不同的形狀，這裡我們運用燙麵團，製作小魚形狀的銀魚麵。

銀魚麵

製作流程

製作銀魚麵

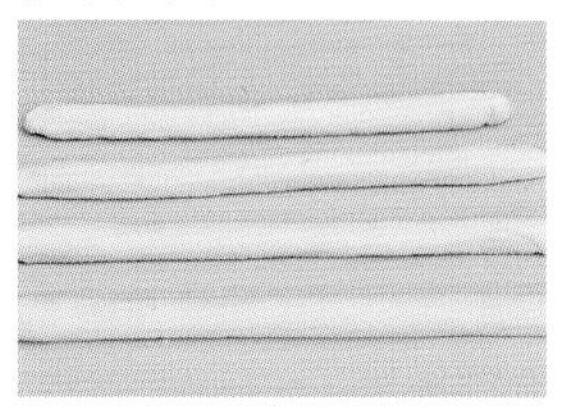

1 鬆弛好的燙麵團分割成4等分，搓成長條形狀。

2 蓋上塑膠袋，鬆弛15分鐘。

3 鬆弛好的麵團分割成5～6公克的小麵團。

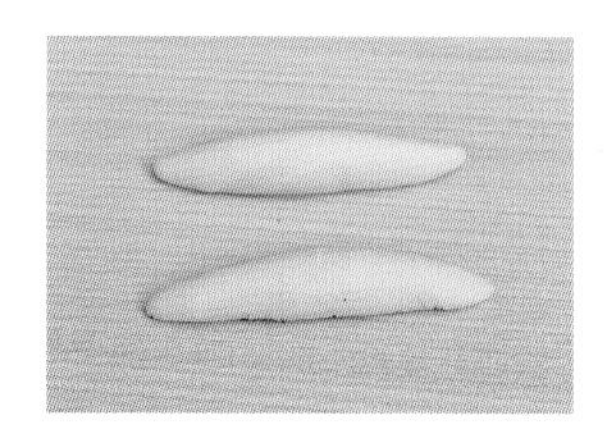

4 手沾微濕，搓成兩頭尖尖的小魚兒狀。

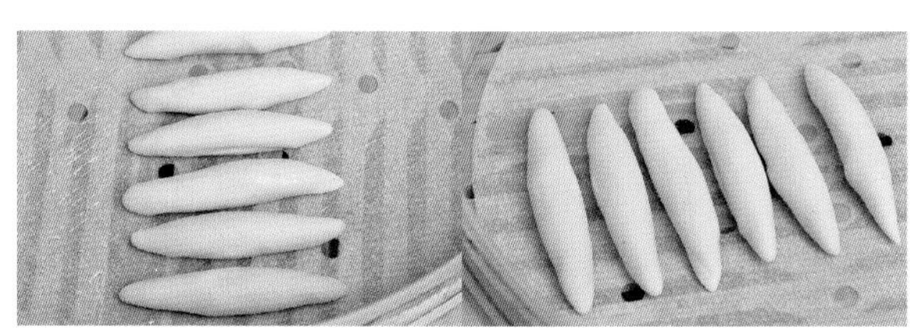

5 備一鍋滾水，排入蒸籠中。上籠蒸約6分鐘，表面刷少許油，出籠。

★蒸籠紙要抹些許油，避免銀魚麵沾黏。

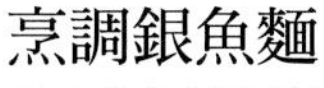

烹調銀魚麵

6 肉絲用少許醬油、糖醃至入味。

7 蝦仁洗淨去腸泥，吸乾水分，加入米酒去腥味，備用。

8 備妥蛋皮絲。

9 鍋燒熱，倒入適量沙拉油，放入肉絲和蝦仁炒熟，先盛出。

10 將銀芽、蔥段、紅蘿蔔絲和芹菜絲放入鍋中拌炒。

11 加入銀魚麵，倒入綜合調味料、少許水拌炒。

12 加入肉絲、蝦仁、蛋皮絲炒勻即可。

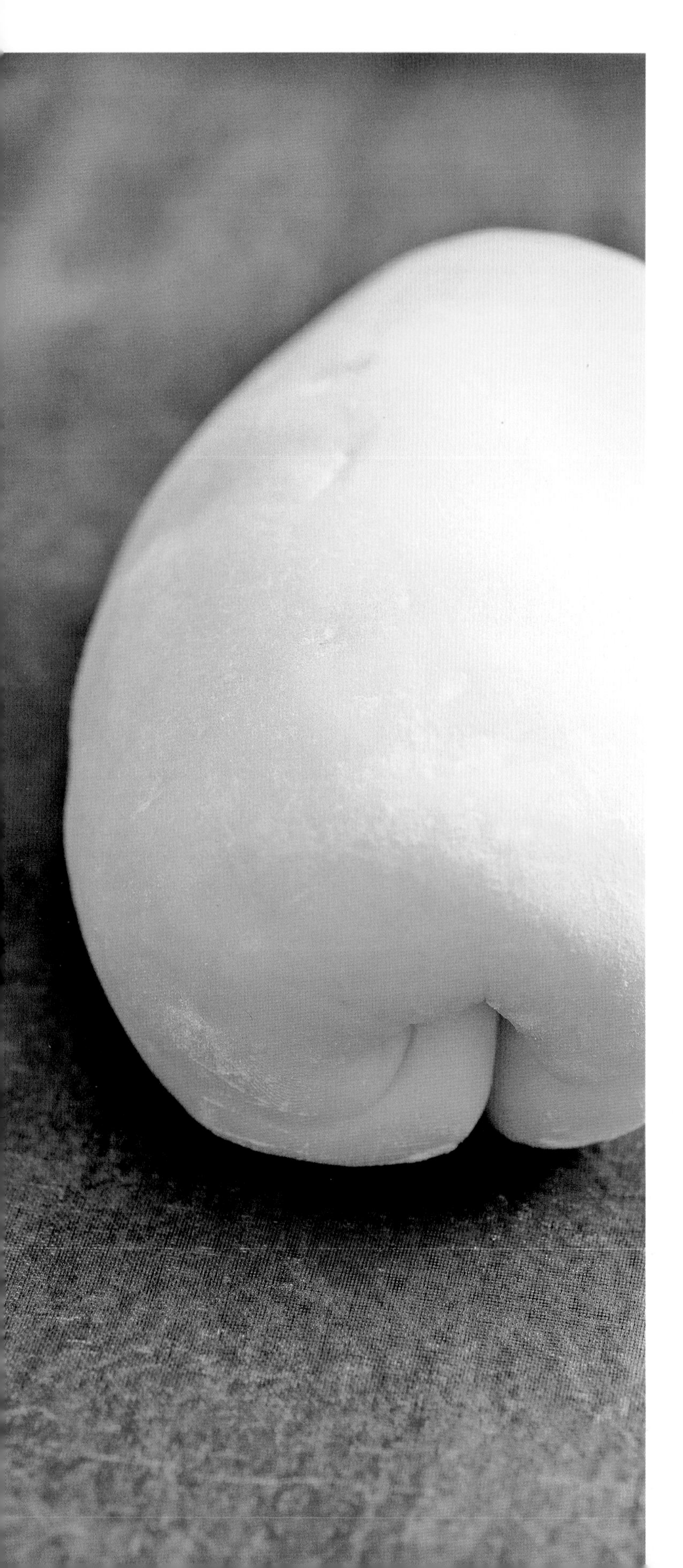

澄粉燙麵團

延伸烹調

繽紛燙麵捲
炒銀針粉

（做法見 P.143、P.145）

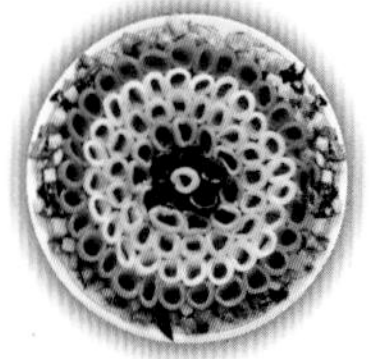

澄粉燙麵團

成品：麵團 936 公克

原料	%	公克／數量
●麵團		
小麥澱粉	100	300
樹薯澱粉	30	90
鹽	2	6
沸水	170	510
沙拉油	10	30
合計	312	936
●配色		
黃梔子粉		適量
甜菜根粉		適量
綠茶粉		適量
竹炭粉		適量

繽紛燙麵捲

原料	%	公克／數量
●配料		
沙拉油		適量
瘦肉丁		150
紅蘿蔔丁		1/4 條
小黃瓜丁		1 條
筍丁		1 支
黑木耳片		50
蔥花		1 支
薑末		3 片
蒜末		4 瓣
●調味料		
醬油		適量
鹽		適量
細砂糖		適量
香油		適量
烏醋		適量
高湯或水		適量

*烹調部分的食材不標示百分比（%）

製作流程

製作澄粉燙麵團

1 將粉類、鹽倒入攪拌盆中，沖入沸水（100℃）。

2 以小擀麵棍順時鐘方向，快速攪拌至無粉氣。

3 冷卻後，手揉或機器攪拌成光滑麵團。

4 將麵團分割成 5 份，其中一塊白色（原色）搓成長條形，鬆弛 10 分鐘。

麵團調色

5 一塊揉入黃梔子粉，搓成長條形，鬆弛 10 分鐘。

★也可以使用薑黃粉製作黃色麵團。

6 一塊揉入甜菜根粉，搓成長條形，鬆弛 10 分鐘。

★也可以使用紅麴粉製作紅色麵團，但顏色較暗。

7 一塊揉入綠茶粉，搓成長條形，鬆弛 10 分鐘。

★也可以使用抹茶粉製作綠色麵團，但依品牌不同，顏色就會明暗不一。

7 一塊揉入竹炭粉，搓成長條形，鬆弛 10 分鐘。

小祕訣

因為 P.143 的繽紛燙麵捲共有 5 個顏色，所以製作流程 4 的麵團必須分成 5 份，再分別加上色粉調色。這裡的範例是白、黃、粉紅、綠和黑色。讀者可依個人喜好調顏色，但要注意的是，最外圍的麵捲所需的麵團、色粉最多，越靠近中心點的麵團、色粉則越少。

繽紛燙麵捲

製作流程

製作燙麵捲

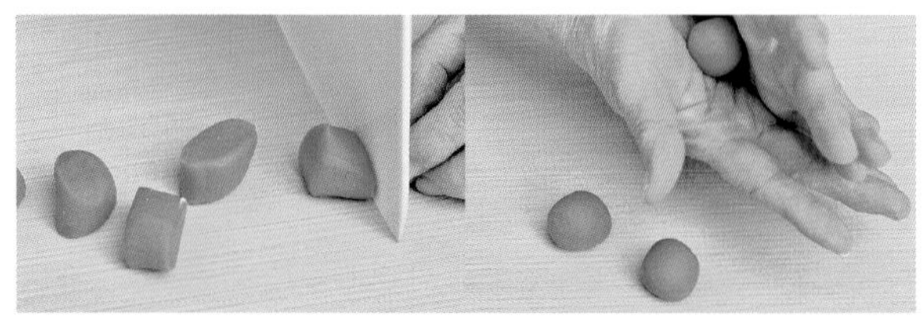

1 將鬆弛好的麵團分割成10公克的小麵團，搓圓（以甜菜根粉麵團為例）。

★用雙手手掌如搓湯圓般搓揉。

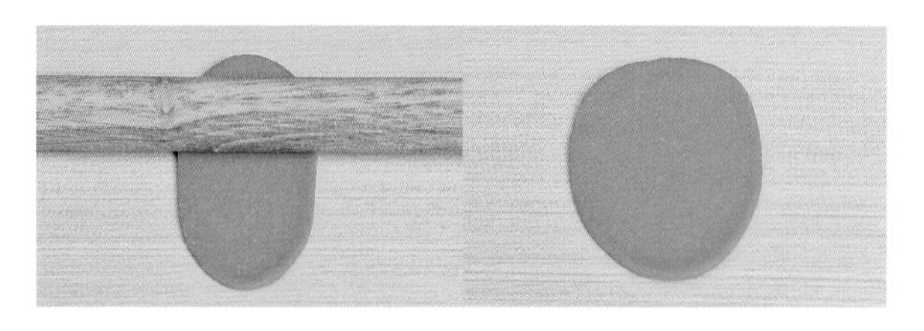

2 以小擀麵棍擀成長橢圓形麵片。

★因為是擀小麵團，建議換小支擀麵棍操作。

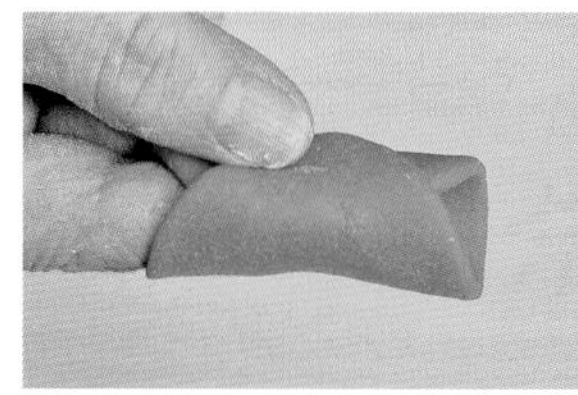

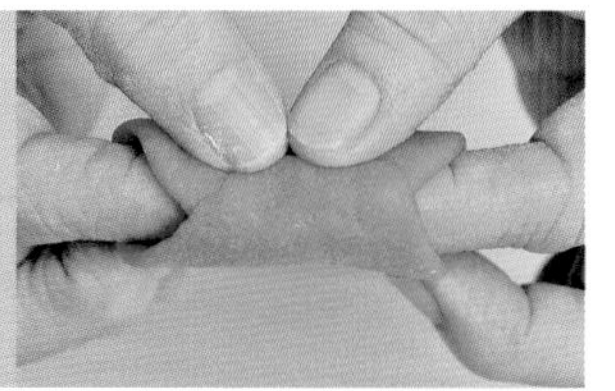

3 用手指捲成中空圓柱形麵捲，先繞圈，再壓緊。

★接口處要壓緊，以免烹調過程中分離。

4 完成所有顏色的麵捲後，整齊排於小竹蒸籠中。

★蒸籠底部必須墊烤焙紙或蒸籠紙。

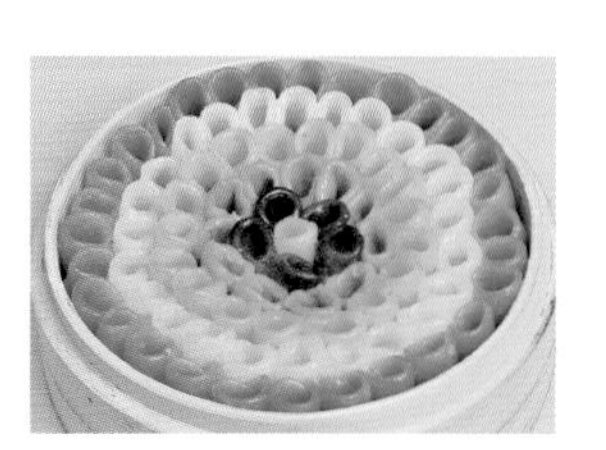

5 備一鍋滾水，放入小竹蒸籠，蒸約6分鐘即可，出籠，備用。

烹調燙麵捲

6 鍋燒熱，倒入少許油，放入瘦肉丁炒熟，先盛出。

7 原鍋放入蔥花、薑末、蒜末爆香，加入紅蘿蔔丁、小黃瓜丁、筍丁、黑木耳片拌炒。

8 倒入醬油、鹽、細砂糖和水，放回瘦肉丁拌炒均勻，起鍋前淋入香油、烏醋。

9 蒸熟燙麵捲倒扣於大瓷盤中央，配料置於外圍一圈即可。

延伸烹調 炒銀針粉

製作流程

澄粉燙麵團

成品：麵團 744 公克

原料	%	公克
●麵團		
澄粉	100	250
樹薯澱粉	15	38
鹽	1	3
味精	1	3
沸水	170	425
沙拉油	10	25
合計	297	744

炒銀針粉

原料	%	公克 / 數量
●配料		
沙拉油	30	75
蝦仁	60	150
豬肉絲	60	150
銀芽	60	150
紅蘿蔔絲	30	75
芹菜絲	30	75
青蔥段	20	50
蛋皮絲	40	100
●醃料		
醬油		適量
糖		適量
●調味料		
鹽	2	5
味精	2	5
細砂糖	8	20
白胡椒粉		適量
香油		適量
合計	342	855

＊烹調部分的食材不標示百分比（%）

製作銀針粉

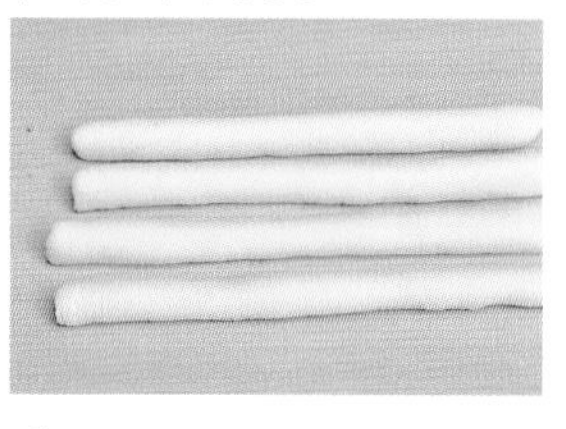

1 參照 P.141 的製作流程 1～4，將麵團分割成 4 等分，搓成長條形，鬆弛 10 分鐘。
★此道銀針粉的澄粉燙麵團配方，以本頁為準。

2 將鬆弛好的麵團分割成 5～6 公克的小麵團。

3 手沾微濕，搓成兩頭尖尖的小魚兒狀。

4 備一鍋滾水，排入蒸籠中。上籠蒸約 6 分鐘，表面刷少許油，出籠。

★蒸籠紙要抹些許油，避免銀魚麵沾黏。

烹調銀針粉

5 豬肉絲用少許醬油、糖醃至入味。

6 蝦仁洗淨去腸泥，吸乾水分，加入米酒去腥味，備用。

7 備妥蛋皮絲。

8 鍋燒熱，倒入適量沙拉油，放入豬肉絲和蝦仁炒熟，先盛出。

9 將銀芽、青蔥段、紅蘿蔔絲和芹菜絲放入鍋中拌炒。

10 加入銀針粉、調味料、少許水拌炒，再加入肉絲、蝦仁、蛋皮絲炒勻即可。

小祕訣

這道炒銀針粉的配方以本頁為準，製作流程可參照 P.141。

溫水麵皮

小籠湯包、絲瓜湯包 蟹粉湯包、小籠豆沙包

延伸烹調 （做法見 P.149、P.151、P.153、P.155）

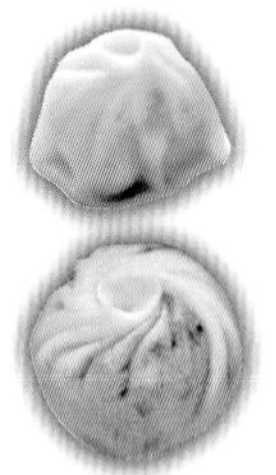

溫水麵皮

成品：麵皮 20 張，每張約 7 公克

原料	%	公克
●麵皮		
粉心麵粉	100	150
70℃溫水	60	90
合計	160	240

小籠湯包

成品：小籠湯包 20 個

原料	%	公克 / 數量
●內餡		
豬絞肉	100	150
鹽	1	1.5
醬油	2	3
香油	2	3
胡椒粉	0.3	0.5
蔥花	10	15
薑末	3	4.5
皮肉凍	100	150
合計	218.3	327.5
●皮肉凍		
豬皮	100	100
雞腳	100	100
水	400	400
蔥	10	10
薑	6	6
紹興酒	5	5
糖	5	5
鹽	2	2
白胡椒粉		適量
合計	628	628

＊烹調部分的食材不標示百分比（%）

製作流程

製作溫水麵皮

1 將麵粉倒入攪拌盆中，沖入溫水（70℃）。

2 攪拌至水分被吸收的鬆散小麵片狀（絮狀），再繼續攪拌成團狀，鬆弛 5 分鐘。

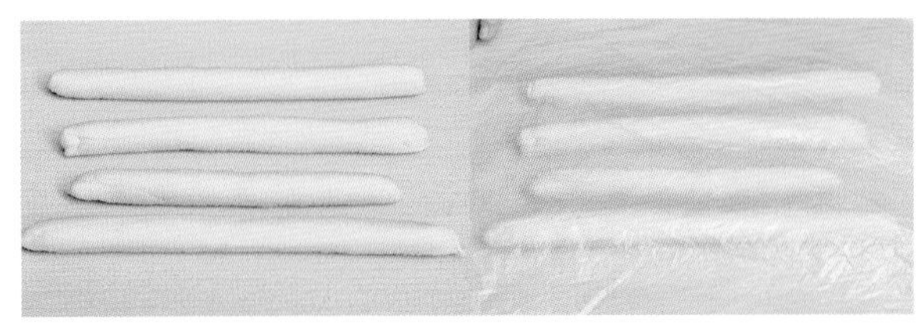

3 將麵團搓成長條形狀，蓋上塑膠袋，鬆弛 10 分鐘。

★也可以蓋上保鮮膜或濕布鬆弛。

4 將麵團分割成每個 7 公克的小麵團。

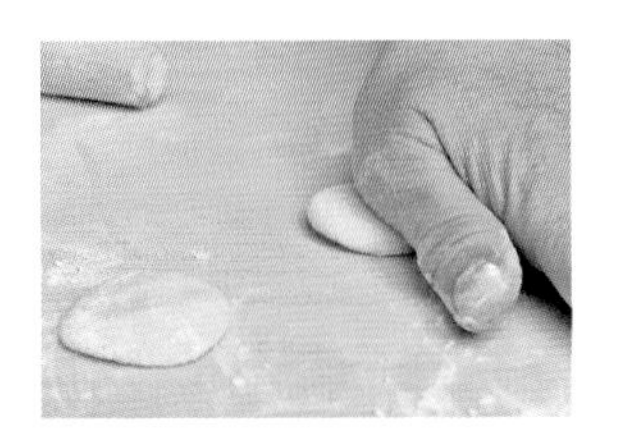

5 將小麵團收口朝上，壓扁。

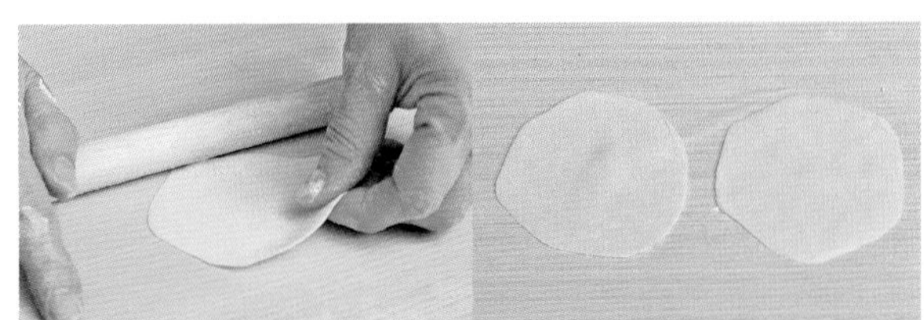

6 參照 P.83 的製作流程 7～9，擀好薄圓麵皮。

小祕訣

1. 手揉麵團時，如果揉得手痠了或是臨時離開工作檯，若此時麵團表面尚未揉得光滑，可將麵團放在一邊，蓋上塑膠袋、保鮮膜或濕布鬆弛一下再繼續揉。
2. 麵團鬆弛時，必須蓋上塑膠袋、保鮮膜或濕布，可防止麵團鬆弛的過程中表面結皮，變得乾硬。

★擀餃皮可用手機掃描 QR CODE 觀看。

小籠湯包

製作流程

製作皮肉凍

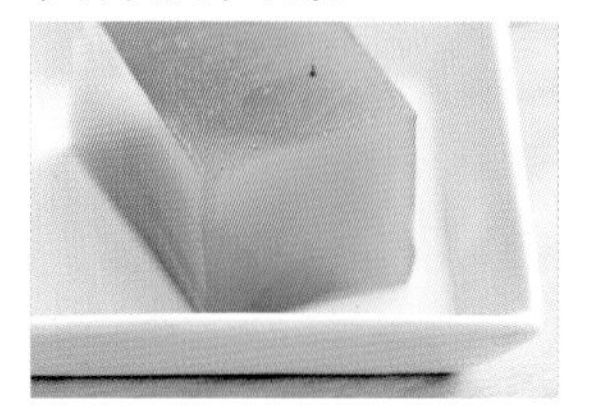

1 豬皮、雞腳洗淨，汆燙，加入水、其他調味料，熬煮至有膠質。濾出湯汁，冷藏備用。

製作內餡

2 絞肉倒入攪拌盆，加入鹽、醬油，攪拌至有彈性。

3 加入蔥花、薑末和調味料、香油拌勻。

4 加入切小丁的皮肉凍拌勻，冷藏備用。

製作小籠湯包

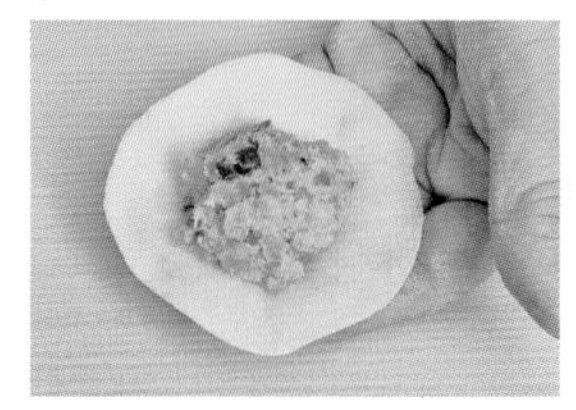

5 取 1 張麵皮，包入 15 公克內餡。

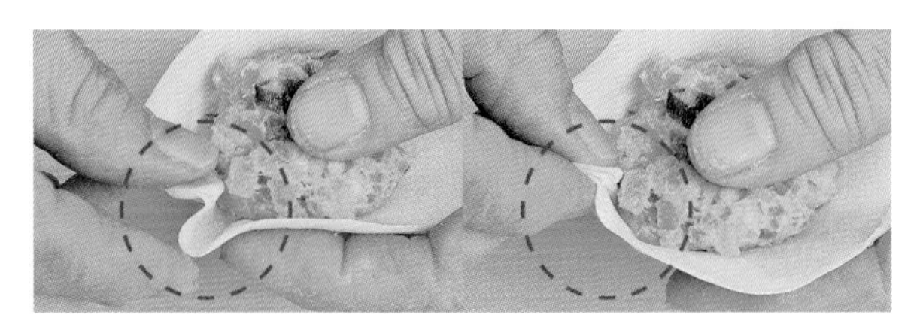

6 左手大拇指按住內餡，右手將麵皮摺一個摺，捏緊。

7 重複摺、捏緊的步驟，捏緊的摺子都要一起壓緊。

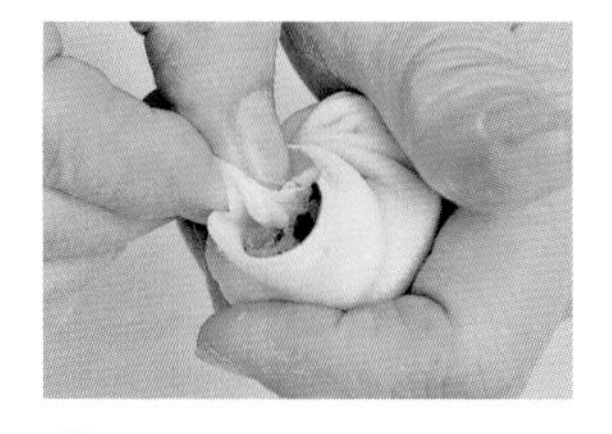

8 摺、捏緊直到快形成一個小包子形狀，共 18 摺。

9 中間扭緊，成為一個小包子形狀。

★最後一摺和第一摺的麵皮捏緊，中間扭成一個小圓洞。

10 備一鍋滾水，放入小竹蒸籠（必須墊上蒸籠紙）。

11 以大火蒸約 6～8 分鐘即可，出籠，備用。

★食用時，沾醋與嫩薑絲一起食用風味更佳，可以解膩、開胃。

小祕訣

1. 熬煮皮肉凍時，可將豬皮切小塊再一起熬煮。
2. 湯包內含較多的湯汁，食用時可先咬一個小洞慢慢吸食湯汁，再吃皮和餡，並且小心燙傷。

★小籠湯包包法可用手機掃描 QR CODE 觀看。

延伸烹調 絲瓜湯包

製作流程

絲瓜湯包

成品：絲瓜湯包 20 個

原料	%	公克
●內餡		
豬絞肉	50	75
蝦仁丁	50	75
鹽	1	1.5
醬油	2	3
香油	2	3
胡椒粉	0.3	0.5
蔥花	10	15
薑末	2	3
皮肉凍	50	75
絲瓜丁	50	75
合計	217.3	326

＊烹調部分的食材不標示百分比（%）

製作溫水麵皮

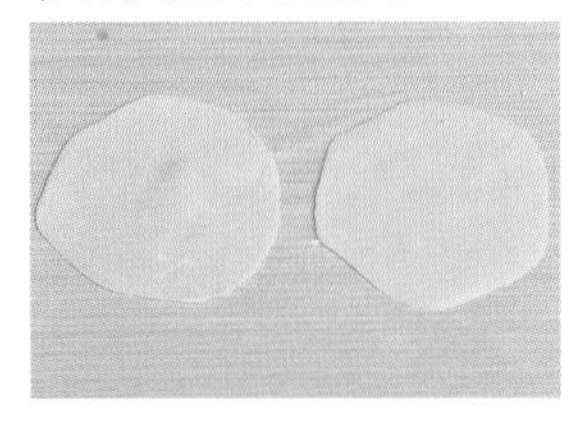

1 溫水麵皮的配方、做法可參照 P.146 ～ P.147。

製作皮肉凍

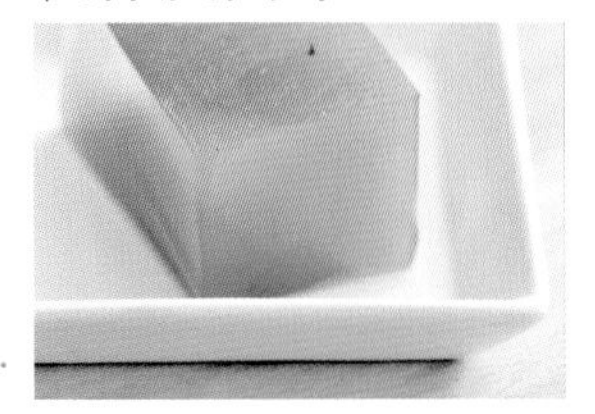

2 皮肉凍的配方、做法可參照 P.146 和 P.149。

製作內餡

3 蝦仁洗淨去腸泥，吸乾水分，加入米酒去腥味，擦乾水分，切小丁。絲瓜去皮、囊，切小丁，汆燙後瀝乾。

4 絞肉倒入攪拌盆，加入鹽、醬油，攪拌至有彈性。

5 加入蔥花、薑末和調味料、香油拌勻。

6 加入切小丁的皮肉凍、蝦仁拌勻，冷藏備用。

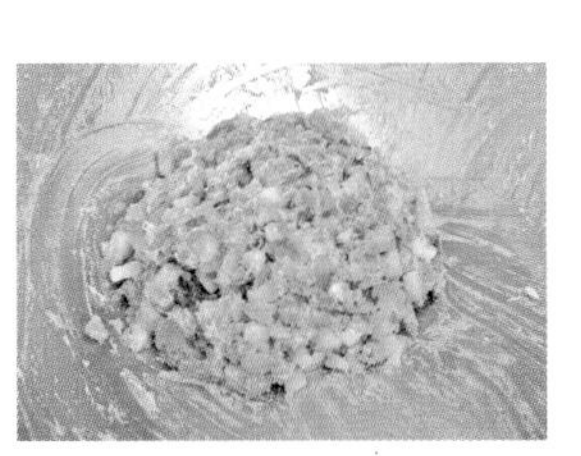

7 包湯包時，再加入絲瓜丁拌勻成內餡。

製作絲瓜湯包

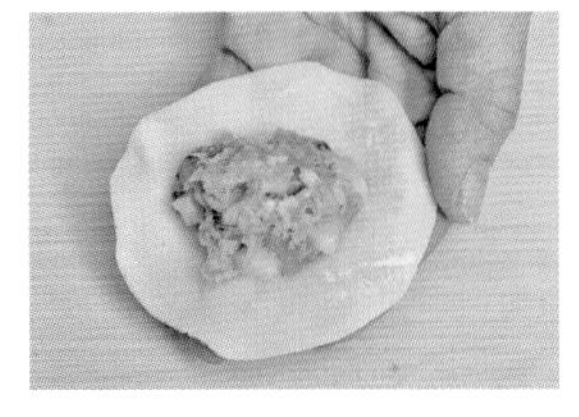

8 取 1 張麵皮，包入 15 公克內餡。

9 左手大拇指按住內餡，右手將麵皮摺一個摺，捏緊。

10 參照 P.149 的製作流程 7 ～ 9，包成 18 摺的小包子形狀。

11 備一鍋滾水，放入小竹蒸籠（必須墊上蒸籠紙）。

12 以大火蒸約 6 ～ 8 分鐘即可，出籠，備用。

★絲瓜湯包包法可用手機掃描QR CODE觀看。

延伸烹調 蟹粉湯包

製作流程

蟹粉湯包

成品：蟹粉湯包 20 個

原料	%	公克／數量
●內餡		
豬絞肉	100	150
鹽	1	1.5
醬油	2	3
香油	2	3
胡椒粉	0.3	0.5
蔥花	10	15
薑末	3	4.5
皮肉凍	100	150
合計	218.3	327.5
●蟹粉		
蟹腿肉		1 盒
紅蘿蔔泥		200
洋蔥末		100
鹹蛋黃		3 個
薑末		2 片
豬油		150
沙拉油		50
香油		50
米酒		2 大匙
鹽		適量
味精		適量

＊烹調部分的食材不標示百分比（%）

★蟹粉湯包包法可用手機掃描 QR CODE 觀看。

製作溫水麵皮

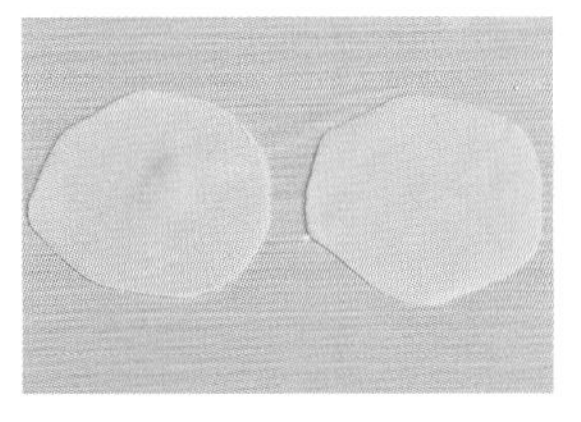

1 溫水麵皮的配方、做法可參照 P.146～P.147。

製作皮肉凍

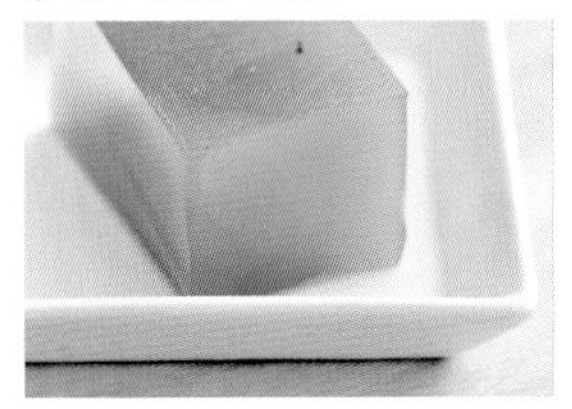

2 皮肉凍的配方、做法可參照 P.146 和 P.149。

製作內餡

3 絞肉倒入攪拌盆，加入鹽、醬油，攪拌至有彈性。

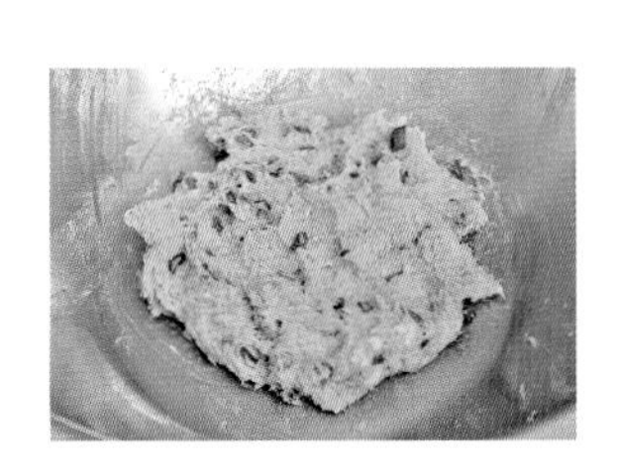

4 加入蔥花、薑末和調味料、香油拌勻。

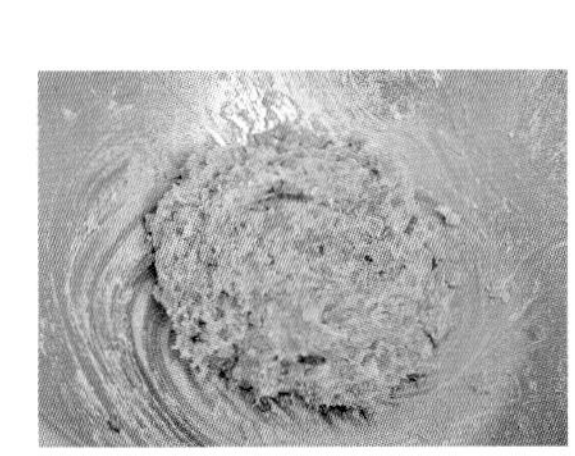

5 加入切小丁的皮肉凍拌勻，冷藏備用。

製作蟹粉

6 紅蘿蔔去皮，以鐵湯匙刮成泥。

7 鹹蛋黃壓扁，切末備用。

8 蟹腿肉燙熟，剝成細片絲。

9 熱鍋加入兩種油，入鹹蛋黃末炒至起泡，依序入紅蘿蔔泥、洋蔥末、薑末和調味料、蟹腿肉拌勻。

製作蟹粉湯包

10 取 1 張麵皮，包入 15 公克內餡和蟹粉。

11 參照 P.149 的製作流程 6～9，包成 18 摺的小包子形狀。

12 備一鍋滾水，放入小竹蒸籠（必須墊上蒸籠紙），以大火蒸約 6～8 分鐘即可。

延伸烹調 小籠豆沙包

製作流程

溫水麵皮
成品：麵皮 20 張，每張約 7 公克

原料	%	公克
●麵皮		
粉心麵粉	100	150
70℃溫水	60	90
合計	160	240

小籠豆沙包
成品：小籠豆沙包 20 個

原料	%	公克
●內餡		
紅豆沙		300

＊烹調部分的食材不標示百分比（%）

★小籠豆沙包包法可用手機掃描 QR CODE 觀看。

製作溫水麵皮

1 將麵粉倒入攪拌盆中，沖入溫水（70℃）。

2 拌成光滑的團狀，鬆弛 5 分鐘。

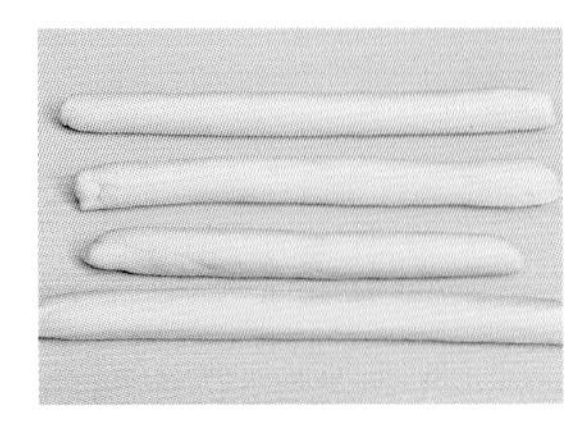

3 將麵團搓成長條形狀。

4 蓋上塑膠袋，鬆弛 10 分鐘。

5 將麵團分割成每個 7 公克的小麵團。

6 將小麵團收口朝上，壓扁。

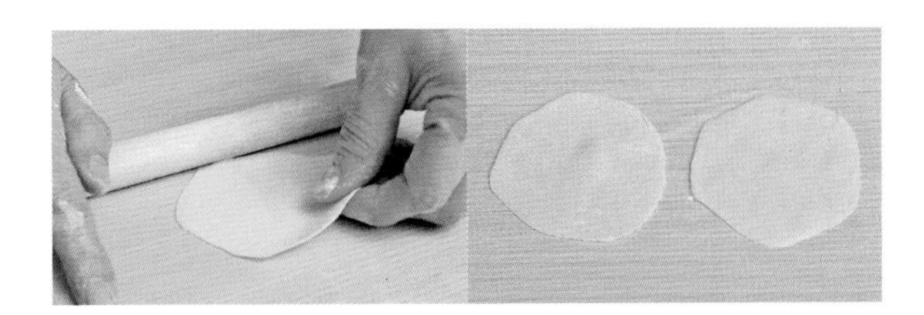

7 參照 P.83 的製作流程 7～9，擀好薄圓麵皮。

製作內餡

8 每 15 公克紅豆沙搓揉成 1 個圓球。

製作小籠豆沙包

9 取 1 張麵皮，包入紅豆沙球。

10 參照 P.149 的製作流程 6～9，包成 18 摺的小包子形狀。

11 備一鍋滾水，放入小竹蒸籠（必須墊上蒸籠紙），以大火蒸約 6～8 分鐘即可。

社大名師親授

Cook50202

中式麵點完美配方

麵條、湯包、餃子、餛飩、春捲和餅類

作者　劉妙華
攝影　周禎和
美術設計　鄭雅惠
編輯　彭文怡
校對　翔縈
企畫統籌　李橘
總編輯　莫少閒
出版者　朱雀文化事業有限公司
地址　台北市基隆路二段 13-1 號 3 樓
電話　02-2345-3868
傳真　02-2345-3828
劃撥帳號　19234566　朱雀文化事業有限公司
e-mail　redbook@hibox.biz
網址　http://redbook.com.tw
總經銷　大和書報圖書股份有限公司 (02)8990-2588
ISBN　978-986-99736-1-8
初版一刷　2021.01
定價　450 元
出版登記 北市業字第 1403 號

國家圖書館出版品預行編目 (CIP) 資料

社大名師親授中式麵點完美配方：麵條、湯包、餃子、餛飩、春捲和餅類 / 劉妙華著．-- 初版．-- 臺北市：朱雀文化，2021.01
面；　公分．-- (Cook；50202)
ISBN 978-986-99736-1-8（平裝）
1. 點心食譜　427.16

嘉禾牌®
通過SQF食安最高等級驗證
無添加物 最安心的頂級麵粉
MADE IN TAIWAN
嘉禾牌®
CHIAHE FLOUR
完全無添加
完全無漂白
·高筋麵粉·
BREAD FLOUR
筋性飽滿、麥香味濃
各式麵包、吐司 適用
500g
17.6oz
台灣第一家麵粉廠
通過SQF最高等級
食品安全及品質驗證
高
MADE IN TAIWAN
嘉禾牌®
CHIAHE FLOUR
·中筋粉心麵粉·
ALL PURPOSE FLOUR
操作容易,成品口感佳
饅頭、包子、麵條、餃皮、餅皮 適用
500g
17.6oz
中
MADE IN TAIWAN
嘉禾牌®
CHIAHE FLOUR
·低筋粉心麵粉·
CAKE FLOUR
成品蛋糕綿密、餅乾酥脆
各式餅乾、蛋糕、西點 適用
500g
17.6oz
低
新包裝上市
更多食譜 請上嘉禾牌臉書
嘉禾牌